U0296621

アナログ技術センスアップ101

稲葉　保　CQ出版株式会社　2003

著 者 简 介

稻叶　保

　　1948 年　生于千叶县

　　1968 年　毕业于国立仙台电波高等学校

　　1968 年　获得一级无线通信资格

　　1971 年　进入原电子测量仪器（株）

　　1974 年　辞职

　　1976 年　设立（株）Nihon Cicuit Design

　　　　　　现任（株）Nihon Cicuit Design 董事长

主要著作

《弯振回路の完全マスター》,日本广播出版协会

《アナログ回路の応用設計》,CQ 出版株式会社

《精選アナログ応用回路集》,CQ 出版株式会社

《电子回路のトラブル対策ノウハウ》,（合著）,CQ 出版株式会社

《定本　弯振回路の設計と庥用》,CQ 出版株式会社

《波形で学ぶ電子部品の特性と応力》,CQ 出版株式会社

图解实用电子技术丛书

模拟技术应用技巧 101 例

通过实验学习提高电路性能技巧

〔日〕 稻叶 保 著

关 静 胡圣尧 译

科学出版社

北 京

图字：01-2005-1165 号

内 容 简 介

本书是"图解实用电子技术丛书"之一。本书共分 11 章，第 1 章到第 3 章介绍 RC 电路的有效使用方法；第 4 章到第 6 章针对电感的电路技术、电源线路用滤波器技术、模拟电路和高速逻辑电路混合电路板的噪声对策技术进行讲解；第 7 章和第 8 章阐述了 OP 放大器电路及周边电路，并针对典型电路进行介绍；第 9 章介绍二极管的使用方法、整流、箝位电路、高速绝对值电路、PIN 二极管电路等；第 10 章介绍晶体管、功率 MOSFET 等分立电路的高性能化及其基本事项；第 11 章是实践经验部分。

本书采用大量波形照片，配有丰富的图表，即使没有搭建电路，也能使读者在视觉上把握其动作、特性，并掌握提高基本电路性能的技巧。

本书可供从事模拟技术开发及电路设计的技术人员参考，也可供大专院校相关专业师生阅读。

图书在版编目(CIP)数据

模拟技术应用技巧 101 例/(日)稻叶保著；关静，胡圣尧译. —北京：
科学出版社，2006（2023.6重印）
（图解实用电子技术丛书）
ISBN 978-7-03-016530-5

Ⅰ.模… Ⅱ.①稻…②关…③胡… Ⅲ.模拟电路-电子技术 Ⅳ.TN710

中国版本图书馆 CIP 数据核字(2005)第 140289 号

责任编辑：杨 凯 崔炳哲 / 责任制作：魏 谨
责任印制：张 伟 / 封面设计：李 力
北京东方科龙图文有限公司 制作
http://www.okbook.com.cn
科学出版社 出版
北京东黄城根北街 16 号
邮政编码：100717
http://www.sciencep.com
北京九州迅驰传媒文化有限公司印刷
科学出版社发行 各地新华书店经销

*

2006 年 1 月第 一 版 开本：B5(720×1000)
2023 年 6 月第二十次印刷 印张：16
字数：239 000
定 价：36.00元
（如有印装质量问题，我社负责调换）

前　言

随着通信技术、信息技术的高速发展,在要求模拟电路的电气特性飞跃发展的今天,当然也要求与之相对应的各种半导体设备的高性能化。

比如通过高频段使用的 OP 放大器、对应数百 MHz 的超高速 A-D/D-A 变换器、千兆赫频段的 RF 单片 IC 等的出现,使得电路板设计技术者的劳动正在显著减少,剩下的是技术者如何利用这些高性能化的电子设备的技能。但是,这些高性能设备能像以往那样,仅连接 IC、LSI 间的端子就能使其稳定动作吗?

观察实际的产品化的电路图,会发现在教科书的电路以外,实际安装了很多元件,如铁氧体磁心、电阻、电容等。这是由于伴随着高性能化、高频率化的发展,仅标准的电路技术已经不能解决问题,除基本的电子电路技术以外,还要求元件的知识、安装技术等。

要想了解电路的动作、电气特性,必须首先实际搭建出评估电路,然后输入信号,变化负载、温度、电源电压等,评估其电气特性、动作如何变化。

现实中经常有技术人员以没有时间为理由,在设计、制作印制线路板后,还会进行电路参数的变更、图形的更换,在不易察觉的地方又安装上电容等。

本书正是为这些没有时间的技术人员而准备的,采用大量波形照片,即使没有搭建电路,也能从视觉上把握其动作、特性,并介绍提高基本电路性能的技巧。

从第 1 章到第 3 章介绍电子电路中最重要的电阻、电容,即 RC 电路的有效使用方法,这看起来似乎很简单,但却是最核心、重要的部分。

第 4 章到第 6 章针对线圈(电感)的电路技术、电源线路用滤波器技术、模拟电路和高速逻辑电路混合电路板的噪声对策技术进行了解说。

第 7 章和第 8 章阐述了 OP 放大器电路及周边电路,并针对几个电路例子进行了介绍。现在,使用 OP 放大器就能很简单地实现高性能的模拟电路。OP 放大器的"反馈技术",即通过外加反馈电路,就能很容易地实现具有各种各样特性的电路。

第 9 章针对二极管的使用方法、整流、箝位电路、高速绝对值电路、PIN 二极管电路进行了解说。

第 10 章介绍了晶体管、功率 MOSFET 等的分立电路的高性能化及其基本事项。

第 11 章介绍了作者的实验经验,可使读者深切感受到电阻、电容的分类使用的重要性。

本书的波形照片、测量数据,都是实验电路的实测值,会随着测量条件、元件的偏差而发生变化,因此,不能以测量波形中表示的测量数据为依据而进行设计。

本书使用的主要测量仪器如下:

· 示波器——索尼公司的 TDS350P 及 2465
· 频谱分析仪——ADVANTEST 公司的 TR4171
· 阻抗增益/相位分析仪——安捷伦公司的 HP-4194A
· 信号发生器、脉冲发生器——安捷伦公司的 33120A,安立公司的 MG443B,MG418A
· 电流探测器——索尼公司的 AM503

本书是对 CQ 出版株式会社的月刊《晶体管技术》1997 年 1 月号~1998 年 9 月号连载的"Live Studiot"的再编辑和撰写。

最后衷心感谢在出版过程中给予本书极大支持的 CQ 出版株式会社编辑局长蒲生良治先生。

目　　录

第1章
活用 RC 基本特性的电路实验

由电阻(R)和电容(C)构成的 RC 电路是电子电路中使用最多的电路。首先,研究简单的 RC 电路的特性,针对在 CMOS 数字电路中的应用进行实验。

1 RC 低通滤波器的响应特性

图 1.1 是各使用一个电阻、一个电容的 RC 电路。这种电路从频率轴来看,可作为 1 次低通滤波器处理。所谓低通滤波器是指低频率时通过、高频率时截止,能除去噪声等不需要的高频率的滤波器。

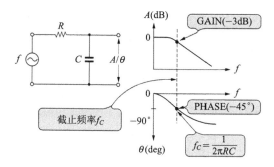

图 1.1 RC 电路的频率-增益/相位特性

使用比 RC 常数所决定的频率 f_C(称截止频率)低的输入频率时,信号的衰减小;相反地,高频时,因电容 C 的阻抗($1/\omega C$)与电阻 R 相比变小,故衰减将变大,并与频率成反比。

一般将低通滤波器上增益为 $-3\text{dB}(1/\sqrt{2})$ 处的频率称为截止频率,表示为:

$$f_C = \frac{1}{2\pi CR}$$

超过截止频率 f_c 的高频域的衰减特性,是以-6dB/oct(频率为 2 倍时衰减 6dB)或-20dB/dec(频率为 10 倍时衰减 20dB,变为 1/10)特性的倾率使增益下降。

另外,输入输出间的相位特性也与输入频率 f 有关。随着频率 f 的上升,相位延迟角 θ 变大,在截止频率 f_c 处,变为如下关系:

$$\theta=-\arctan\frac{f}{f_c}=45°$$

高频处可接近$-90°$。

照片 1.1 是为研究 $R=10\text{k}\Omega$、$C=1000\text{pF}(f_c=15.92\text{kHz})$ 的增益/相位特性,用增益相位分析器测定出来的结果。照片上 f_c 处放入的标识点($\cdot$)与理论值不同,增益为-3.49 dB(正确值-3.0 dB)、相位为$-46.8°$(正确值$-45°$),这是因为分析器的输入阻抗及 RC 的值存在误差的原因。

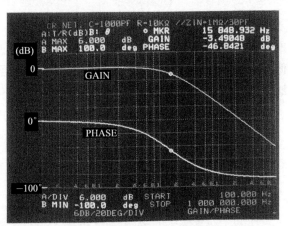

照片 1.1　RC 电路实际的频率-增益/相位特性($\cdot$表示截止频率)
($f=100\text{Hz}\sim1\text{MHz}$,6dB/div.,20°/div.,$R=10\text{k}\Omega$,$C=1000\text{pF}$)

从时间轴来看的 RC 滤波器电路如图 1.2 所示,阶跃响应特性的滤波器电路被广泛地使用。因其通过电阻对电容进行充

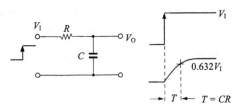

图 1.2　RC 电路阶跃响应特性($T=RC$ 称为时间常数)

放电,故也称为 RC 充放电电路。这种电路对应阶跃输入的响应用下式表示:

$$V_O = V_I(1 - e^{-\frac{t}{RC}})$$

输出电压 V_O 随着时间上升,但并不是直线上升。到达某输出电压 V_O 时所需要的时间 t 可由 $\frac{V_O}{V_I} = 1 - e^{-\frac{t}{RC}}$ 推导出:

$$t = -RC \cdot \ln\left(1 - \frac{V_O}{V_I}\right)$$

一般地,时间常数 $T(=RC)$ 是到达输入电压 V_I 的 63.2% 时的时间。

照片 1.2 是 $R = 10\text{k}\Omega$、$C = 1000\text{pF}$、$V_I = 5\text{V}$ 时的阶跃响应,在 $V_O = 3\text{V}$ 处放入光标。这里的 $V_O = 3\text{V}$ 表示后述的 HS-CMOS 逻辑电路(74HC14AP)的高电平阈值,$T = RC = 10 \times 10^3 \times 1000 \times 10^{-12} = 10\mu\text{s}$ 为最接近的时间点。

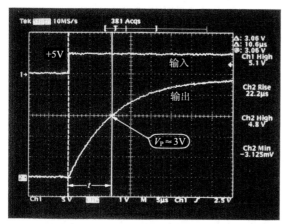

照片 1.2 RC 电路实际的阶跃响应

(CH$_1$ 为 5V/div.,CH$_2$ 为 1V/div.,5μs/div.,$R = 10\text{k}\Omega$,$C = 1000\text{pF}$)

2 高速化 RC 低通滤波器的上升响应

在 RC 低通滤波器中,有时只需加快对应阶跃响应上升变化的响应。截止频率低,上升时的阶跃响应快。如果只从阶跃响应来看,时间常数 $T = RC$ 小是好的,但这样会使从频率轴上看的截止频率变高。

例如,作为需要钻研的 RC 滤波器的例子,有 PLL 电路用的环形滤波器等。图 1.3 表示在实际 PLL 电路中使用环形滤波器的例子,由此电路可看出要改善响应特性的困难。

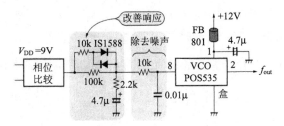

图 1.3 PLL 电路中使用环形滤波器的一例

图 1.4 是为高速化单纯的 *RC* 低通滤波器,附加两个二极管 D_1、D_2 和电阻 R_S 的电路。这一电路当 $V_O < V_I$,即电容 *C* 充电时,D_1 和 D_2 处于导通状态,电阻 R_S 和 *R* 等价于并联连接,因此当电压偏差大时,将会产生高速响应。

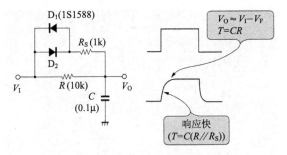

图 1.4 高速化 *RC* 电路阶跃响应

$$T = C(R /\!/ R_S) \cdots /\!/ 是并联的标志$$

另一方面,当 V_I 中所含有的噪声在二极管的顺方向电压($\pm V_F$)以下时,二极管处于关断状态,这样就会以 $T = RC$ 的低截止频率进行动作。

因此,如图 1.3 所示的 PLL 电路等,具有定常状态时,低通滤波器的时间常数大、S/N 高;而频率急变时,响应速度快的好性能。

照片 1.3 是单纯的 *RC* 电路的阶跃响应,$V_O \approx V_I$ 时的时间约 10ms,是 $T = RC = 1$ms 的 10 倍以上。

照片 1.4 是像图 1.4 那样,高速化电路后的阶跃响应。上升部分(Ⓐ)响应极快,但接近 $V_O = 5$V 时响应变慢。

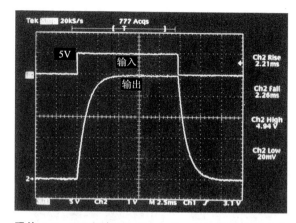

照片 **1.3** RC 电路($R＝10\mathrm{k}\Omega,C＝0.1\mu\mathrm{F}$)的阶跃响应
（$\mathrm{CH_1}$ 为 5V/div.，$\mathrm{CH_2}$ 为 1V/div.，25ms/div.）

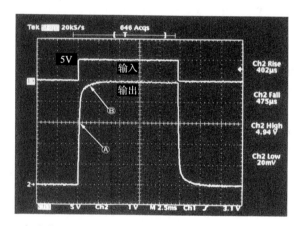

照片 **1.4** 高速化图 1.4 电路的阶跃响应($R＝10\mathrm{k}\Omega,R_\mathrm{s}＝1\mathrm{k}\Omega,C＝$
$0.1\mu\mathrm{F}$，$\mathrm{CH_1}$ 为 5V/div.，$\mathrm{CH_2}$ 为 1V/div.，2.5ms/div.）

3 用RC低通滤波器防止振荡

　　RC 低通滤波器的代表应用之一，是防止机械开关、机械触点的振荡。机械触点的振荡（触点 ON 时产生大的振动）被开关的构造左右，首先我们实测一下微型开关的振荡。

　　照片 1.5 是称为限位开关的微型开关的振荡波形图。机械触点的开关由于按压方法、时间不同会发生各种各样的振荡，此时的时间、波形也各种各样,这里表示了最长时间的振荡的例子。

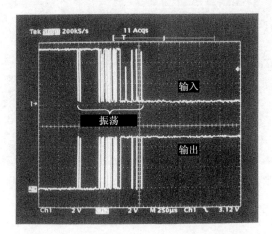

照片 1.5　微型开关触点 ON 时的振荡示例

具有机械触点的开关有很多种,照片 1.6 表示的是具有代表性的。电磁继电器也具有机械触点,也会产生大大小小的振荡。

(a) 杆式微型开关

(b) 按钮开关

照片 1.6　机械开关产生振荡

数字电路是不希望振荡的。使用触发电路原理上也是防止振荡影响的电路,简单的防止对策就是组合 *RC* 低通滤波器和施密特触发电路。

通常 CMOS 数字 IC 的阈值电压(区别 L 和 H 的电压电平)V_T 只是一点,图 1.5 表示具有施密特触发电路的反相电路、74HC14 的阈值电压。施密特触发电路具有高电平阈值 V_P 和低电平阈值 V_N,阈值间具有磁滞电压 V_H,V_H 为 V_P-V_N。即 V_P 以上、V_N 以下的输入电平可被确定逻辑输出;磁滞电压 V_H 以下时,即使有噪声,输出电平也不变化。因此,具有施密特输入的数字 IC 电路,即使加上变化缓慢的信号,因噪声等引起输出电平翻转的危险也会变少。在数字电路的输入电路中插入 *RC* 低通滤波器,可去掉输入信号中含有的噪声,整形输出波形。

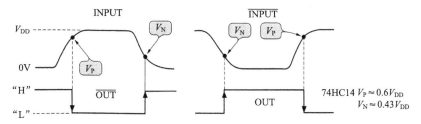

图 1.5　施密特反相电路的临界电压

图 1.6 是防止输入触点振荡的电路举例,实际应用中还可加入过电压输入保护电路(第 8 项中阐述)等等。

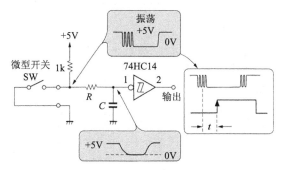

图 1.6　由 RC 滤波器构成的振荡防止电路

照片 1.7 的输入波形是图 1.6 电路中 $C=0$ 时的波形。这里

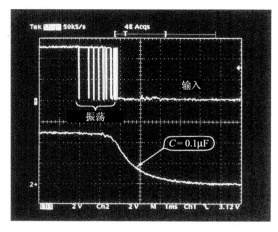

照片 1.7　图 1.6 实验的输入波形($R=10\text{k}\Omega$,$C=0.1\mu\text{F}$,CH$_1$ 为
输入点的振荡,CH$_2$ 为经滤波器后的施密特反相电路的输入
波形,1ms/div.)

即使使用施密特输入的数字 IC 电路,但如果不附加 RC 低通滤波器,对防止振荡不会具有任何意义。

照片 1.7 的下段是 $R=10\mathrm{k}\Omega$、$C=0.1\mu\mathrm{F}(T=1\mathrm{ms})$ 时的输入波形。RC 低通滤波器可去掉振荡,C 的端子电压…数字 IC 的输入信号变化延迟,这一信号如果输入到不具有施密特电路的数字 IC 电路中,则在阈值电压附近易发生误动作。照片 1.8 是振荡防止电路的输入输出波形,从图形中可看出确实除掉了开关处的振荡现象。

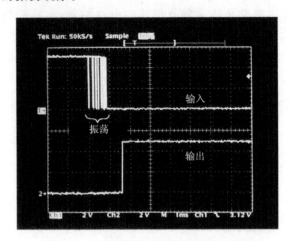

照片 1.8　振荡防止电路的输入输出波形
（输出波形需要延迟）

像这种附加的 RC 电路,只能适用于输入阻抗高的 CMOS 数字 IC。由于 TTL 电路等输入阻抗低,所以是不能在输入处插入高阻抗的。另外,还必须要注意产生时间延迟的点,振荡时间随开关种类的不同而有很大的区别,因此必需研究 RC 电路的时间常数。

4　利用 RC 产生积极的延迟电路

图 1.7 是使用 CMOS 反相电路(附加施密特触发电路)的延迟电路举例。它适用于因某些原因在信号传达上需要加以延迟时间的场合。

这种电路延迟…延迟时间 t_1,t_2 几乎由 RC 的时间常数 $T=RC$ 决定。我们必须要正确考虑 IC 电路的传送延迟时间、输入电容、阈值电压 V_P、V_N 等,目前这种电路被正确应用的示例还不是很多。

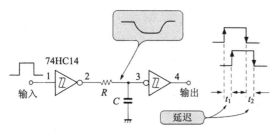

图 1.7 积极使用 *RC* 的延迟电路

（时间常数 T：$T = CR$）

照片 1.9 是图 1.7 电路中 $C = 0\text{pF}$（IC 的输入电容约为 5pF）时的输入输出波形。所使用的施密特反相电路 74HC14 的传送延迟约为 11ns（电源电压 $V_{DD} = 5\text{V}$），如果仅从延迟时间看，通过 2 次反相，故延迟时间应为 22ns。但实际上 $t_{dON} \approx 75\text{ns}$，$t_{dOFF} \approx 70\text{ns}$，这是因为电阻 R（$= 10\text{k}\Omega$）、IC 输入电容约为 5pF 造成的。要想缩短延迟时间，需设计时减小电阻 R 值，另外，还应注意 t_{dON} 和 t_{dOFF} 的时间差（输出脉冲幅度变短）。

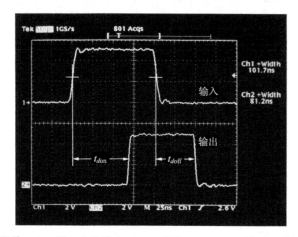

照片 1.9 图 1.7 电路中 $C = 0$ 时的 74HC14AP 的延迟特性

（$R = 10\text{k}\Omega$，$C = 0$，2V/div.，25ms/div.，电源 $V_{DD} = 5\text{V}$）

照片 1.10 是 $R = 10\text{k}\Omega$，$C = 1000\text{pF}$ 时的输入波形和电容 C 的端子电压波形。在与 74HC14 阈值电压 V_P、V_N 相当的位置放入标记线。ON 的延迟时间为端子电压变为 V_N 以下时的时间（约 10μs），OFF 的延迟时间为端子电压变为 V_P 以上时的时间，输出电平在"H"→"L"，"L"→"H"之间变化。

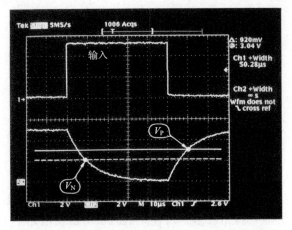

照片 1.10　图 1.7 电路中电容 *C* 的端子电压波形
（*R*＝10kΩ,*C*＝1000pF,2V/div. ,10μs/div. ）

　　这种延迟电路利用 *RC* 的充放电,在 *T*＝*RC* 以下的短输入脉冲内不动作。在应用上应注意短脉冲可去掉噪声。

　　这种延迟电路也可不使用施密特反相电路,利用普通的反相器(不含有施密特电路)构成。但电路间插入电阻 *R* 会对噪声方面不利,在阈值电压附近的滞在时间延长会导致由噪声引起的误动作,因此有必要接受具有滞后作用的施密特电路类型。

5　接通延迟电路和断开延迟电路的应用

　　上面的图 1.7 是在信号波形的上升、下降都会延迟的电路,也就是说存在 ON、OFF 分别延迟的电路。

　　图 1.8 是仅在 ON 时延迟的电路——接通延迟电路,仅在电阻 *R* 上并联二极管 D,如果改变二极管的方向,如图 1.9 所示,就变成了仅在 OFF 时延迟的电路——断开延迟电路。

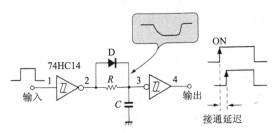

图 1.8　仅上升部分延迟的接通延迟电路

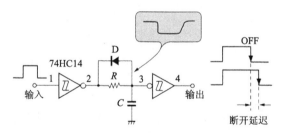

图 1.9　仅下降部分延迟的断开延迟电路

这种延迟电路中的二极管实现切换充放电时间的动作。二极管不导通时，$T=RC$；导通时，CMOS IC 的输出阻抗＋二极管 D 的动作阻抗（可忽略），可以极端地缩短时间常数。

照片 1.11 是接通延迟时的电容 C 端子电压波形。横切阈值电压 V_N 的时间为接通延迟时间（约 $10\mu s$），横切 V_P 时电压急剧上升，几乎没有延迟。

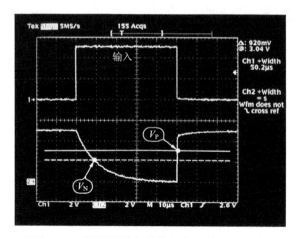

照片 1.11　断开延迟电路的电容 C 端子电压波形

这种电路输入 $T=RC$ 以下的脉冲列不出现输出，因此可适用于去掉幅度狭小的脉冲、噪声等。

另一方面，断开延迟电路为拉长脉冲宽度，需拉长幅度狭小的脉冲列。

照片 1.12 是观测断开延迟时的电容 C 端子电压波形图。OFF 后横切 V_P 的时间（约 $10\mu s$）为断开延迟时间。

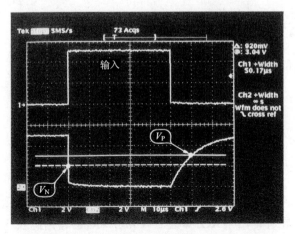

照片 1.12 断开延迟电路的电容 *C* 端子电压波形
($R=10\text{k}\Omega,C=1000\text{pF},2\text{V/div.},10\mu\text{s/div.}$)

6 波形边沿检测电路的应用

▶ 使用 NAND 门的边沿检测电路

图 1.10 是使用以往介绍的 NAND 门、检测上升沿的电路,也称微分电路。电路边沿的输出脉冲幅度为 $T\approx RC$,IC 阈值电压 V_{TH} 为 $V_{\text{DD}}/2$ 的 CMOS,$T\approx0.7RC$。

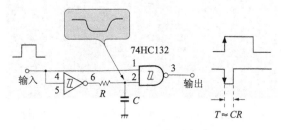

图 1.10 上升沿检测电路

这种电路当输入为"L"时,电容 *C* 端子电压充电为电源电压 V_{DD},变为高电平"H"。当输入为"H"时,在到达 *C* 端子电压 V_{N} 之前的时间($T=RC$)内,输出电平为"L"。照片 1.13 是边沿检测电路的输入输出波形,从输入上升开始,得到约 $10\mu\text{s}$ 的负脉冲。

▶ 双边沿检测电路

图 1.11 是由异或门组成的双边沿(上升和下降)检测电路。异

或门是在门输入端子逻辑不一致时输出"H"电平,如采用 *RC* 电路
产生延迟时间,则在上升、下降时检测出边沿,得到微分脉冲输出。

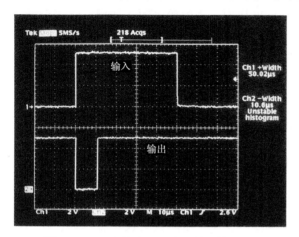

照片 1.13 上升沿检测电路的输入输出波形
($R=10\text{k}\Omega, C=1000\text{pF}, 2\text{V/div.}, 10\mu\text{s/div.}$)

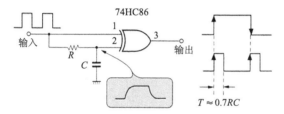

图 1.11 上升/下降双边沿检测电路

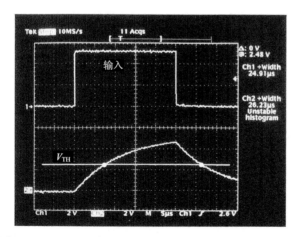

照片 1.14 上升/下降双边沿检测电路的电容 *C* 端子电压波形
($R=10\text{k}\Omega, C=1000\text{pF}, 2\text{V/div.}, 10\mu\text{s/div.}$)

照片 1.14 是电容 *C* 的端子电压波形。74HC86 的阈值电压 V_{TH} 为 $V_{\text{DD}}/2$，在此处放入标记线。从对应输入上升开始，到达到 *C* 端子电压 V_{TH} 之前的时间和从输入下降开始，到达到 *C* 端子电压 V_{TH} 之前的时间都可得到输出脉冲。

从这种双边沿检测电路输出波形的时间轴看，频率变为输入频率的 2 倍，因此，此电路也可作为 2 倍频电路使用。

7　电力开关中不可缺少的死区时间发生电路

在驱动电动机等的电力开关电路中，采用半桥式及全桥式电路时，必须要注意图 1.12 所示的实现推挽动作的设备的断开时间 t_{dOFF} 的存在。如果推挽动作中的开关元件同时处于 ON 状态，会出现短路现象，引起设备烧损。所以在使用 IGBT 时，应设计数 μs 的空区（死区时间：*DT*）。

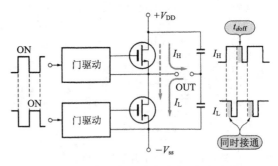

图 1.12　推挽大功率开关电路中，为防止同时开关，各个驱动上应具有死区时间

图 1.13 是由时钟振荡电路的输出产生推挽用输出信号的电路，该电路可使 OUT_1、OUT_2 的 DT 部分分离。这种电路的

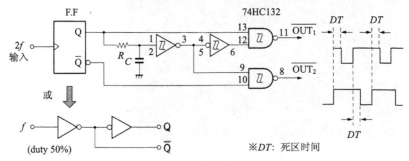

图 1.13　死区时间发生电路

特征是 DT 通常恒定,输入频率变化,输出波形的负载也同样变化。由于需要延迟电路部分的输入波形的负载为 50%,故应以规定频率的 2 倍作为触发电路的输入。当时钟、负载均变为 50% 时,就不需要触发电路。

照片 1.15 是为产生约 $2\mu s$ 的 DT,$R=10k\Omega$,$C=220pF$ 时各自的输出波形。

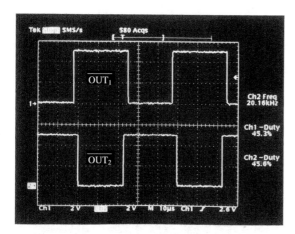

照片 1.15 死区时间发生电路的输出波形
($f=20kHz$,$R=10k\Omega$,$C=220pF$,2V/div.,$10\mu s$/div.)

8 保护 CMOS 数字 IC 的输入

电器的信号输入端子有时会出现远远超过原输入电压的大电压…静电或噪声,此时有可能损坏半导体 IC。因此,对外部信号输入端子实施充分的安全保护是非常重要的。

数字电路目前几乎都是 CMOS IC,如果局限于此,则如图 1.14 所示,与 IC 的输入端子相串联,插入限流电阻 R 即可。当然,接受外部信号时应使用施密特型 IC。

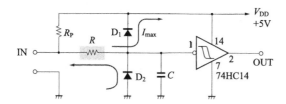

图 1.14 CMOS 逻辑电路的限流电阻

　　这种电路采用 74 系列用 HS CMOS 的输入保护,通过附加箝位二极管 D_1、D_2,即使加上大信号,也不能超过 IC 的最大电流 I_{max} 而破坏 IC,没有箝位二极管时的最大输入电流为约 20mA 左右。

　　用作限流的阻值取决于所加的最大电压,实际上与其他值无关,以 $V_{inmax} = 140V$,$I_{max} = 10mA$ 为例,

$$R = \frac{V_{inmax} - (V_F + V_{DD})}{I_{max}} = \frac{40}{10 \times 10^{-3}} = 14(\text{k}\Omega)$$

　　电容 C 与保护电阻 R 相协调来滤除噪声,目的是防止在输入点产生振荡,注意输出信号有延迟($T = RC$)。

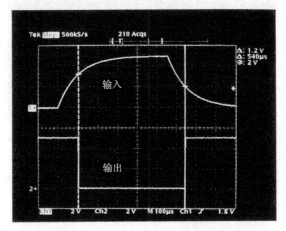

照片 1.16　74HC14 的输入输出波形
($R = 10\text{k}\Omega$,$C = 0.01\mu\text{F}$)

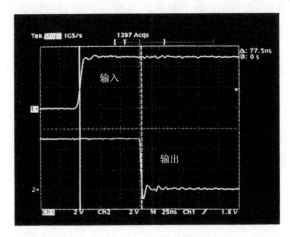

照片 1.17　$R = 10\text{k}\Omega$,$C = 0$ 的输入输出波形($t_d \approx 77\text{ns}$)

　　照片 1.16 是 $R=10\text{k}\Omega$，$C=0.01\mu\text{F}$ 时的输出波形，$t_\text{d}=10\text{k}$ $\times 0.01\mu\text{F}=100\mu\text{s}$ 后输出翻转，这种电路应用于消除从外部接入电路的振荡。

　　照片 1.17 是 $C=0$ 时的输入波形，产生延迟的 R 为 $10\text{k}\Omega$ 的高阻值，CMOS IC 的输入电容（几 pF）、前面二极管的匹配电容都不能忽视。

第 2 章
高频波中电阻的动作和特性的影响

检测流过的电流时,要使用电阻。将高电压转换成适于测量的低电压时,要使用电阻分压器。但是,当信号为交流时,特别是频率很高时,会产生各种各样的危害。让我们用实验来加以证实。

9 注意电流检测用电阻的频率特性

在电源电路中,经常要检测负载中流过的电流,因此需要过电流限制、过电流保护的电路。此时,将检测出的电流转换成电压,如图 2.1 所示,最简单的方法是将对电路无影响的低电阻直接串联插入到电路中。此方法常被用于电源、电力电子电路中。

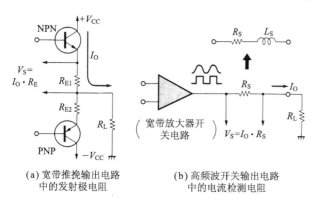

(a) 宽带推挽输出电路
中的发射极电阻

(b) 高频波开关输出电路
中的电流检测电阻

图 2.1 检测电子电路中流过的电流的情况很多

在必须进行非接触、高绝缘时的电流检测时,如图 2.2 所示,如果是直流信号,应用霍尔元件组成的电流传感器;如果是交流信号,使用电流互感器(CT)的例子很多。图 2.1 所示的电路是不需要绝缘的电路的电流检测电阻的使用例子。一般地,为了变成低电阻值,常使用照片 2.1 所示的绕线型的渗碳电阻,这是因为检测大电流的情况很多,消耗功率变大。

在图 2.1 所示的电路中的检测电压 V_S,由电路中流过的电流 I_O 和检测电阻 R_{E1} 或 R_S 决定。因此要提高电流检测的精度,变成了提高所使用的电阻的精度的问题。

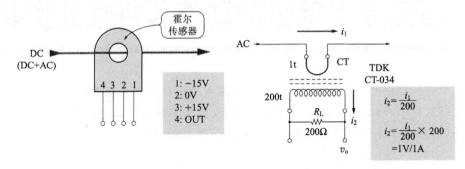

图 2.2 非接触式测量电流时使用霍尔传感器和电流变压器

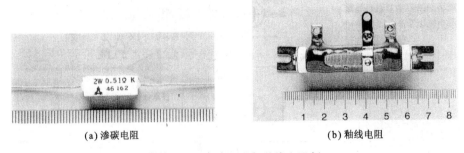

(a) 渗碳电阻   (b) 釉线电阻

照片 2.1 渗碳电阻与釉线电阻例

当流过的电流为直流信号且低频时,几乎没有问题;但当流过的电流为交流信号或是脉冲信号时,必须要注意电阻的电阻值会随频率变化。因渗碳阻抗、釉线阻抗是绕线结构,故电感 L_S 大,低电阻值时不能忽视。

电阻器的端子间的阻抗值用 $|Z| = \sqrt{R_S^2 + (\omega L_S)^2}$ 表示,在高频段使用时,当然要选择电感 L_S 小的品种。

照片 2.2 是实测容许电力 5W、0.47Ω 的渗碳电阻端子间的阻抗值 $|Z|$ 的例子。在 $f = 100\text{kHz}$ 附近,阻抗值开始上升,在 $f = 1\text{MHz}$ 附近时,阻抗值达到约 1Ω。测定串联阻抗 L_S 时,也存在 $0.14\mu\text{H}$。

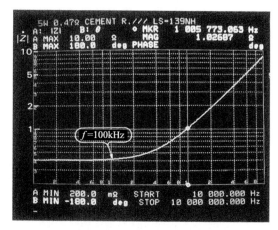

照片 2.2　0.47Ω,5W 渗碳电阻的电阻-频率特性
（f＝10k～10MHz）

　　绕线构造的电阻,从高频上看,与 RL 串联电路等价。因此在 100kHz 以上的正弦波或处理脉冲的开关电路中使用时会产生很多的问题。

　　如果 RL 串联电路上流过一定电流,用示波器观测其两端产生的感应电压时,需研究电阻具有的电感成分所带来的影响。

　　照片 2.3 是脉冲发生器上升时间为 20ns,经由 50Ω 终端用串联电阻,测定 0.47Ω 的端子间电压的例子。电阻上流过的电流为 $I＝5÷50＝100(mA)$,0.47Ω 两端所产生的电压应该约为 47mV,而在电流上升时,却出现了大的电压。实际检测的电压是用线光标表示的 48 mV。

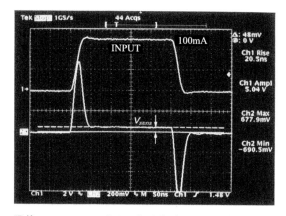

照片 2.3　0.47Ω 电阻,流过脉冲电流时的端子电压
波形···注意峰值波形

要想不产生上述问题，应使用等价的串联电感 L_S 小的电阻，即氧化金属薄膜型电阻或金属板电阻。照片 2.4 就是表示电流检测用的金属板电阻的例子。

BPR28
0.05ΩK
KOA

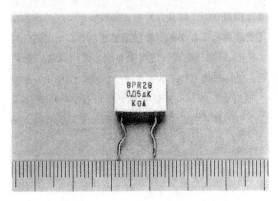

照片 2.4 金属板电阻(2W,0.05Ω)

10 电阻分割中浮游电容、放大器输入电容的影响

▶ 无任何对策时的影响

电阻的作用是控制电路中流过的电流，作为信号电压的分压器使用。这种情况下，电阻分压器是把两个电阻串联连接，从其中间点取出输出的电路。如图 2.3 所示，如果浮游电容、放大器自身的输入电容 C_i 存在，则频率响应就会变得不平坦。但实际上，浮游电容、输入电容是必然存在的。

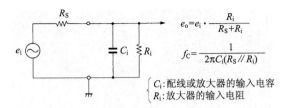

R_S
e_i
C_i
R_i
$e_o=e_i\cdot\frac{R_i}{R_S+R_i}$
$f_C=\frac{1}{2\pi C_i(R_S/\!/R_i)}$
C_i:配线或放大器的输入电容
R_i:放大器的输入电阻

图 2.3 电阻分压电路中输入电容 C_i 的影响

在电阻分割电路中，其频率特性在高频处开始衰减的频率 f_C(截止频率)，由输入电容 C_i、信号源电阻 R_S 及输入电阻 R_i 决定。电路中信号源电阻 R_S 及输入电阻 R_i 越为高电阻电路，则越易受输入电容 C_i 的影响。

照片 2.5 是研究在图 2.3 电路中 R_S 由 50Ω～1MΩ 变化时

的频率特性的变化图形。电阻值越高,频率特性越差(3dB 带域越小)。这个实验中的测定器的输入电阻 R_i 为 1MΩ,输入电容 C_i 约为 30pF。如果加上测定用电缆(1.5D-2V,长度 20cm)的电容,则变为 40~50pF 的输入电容。

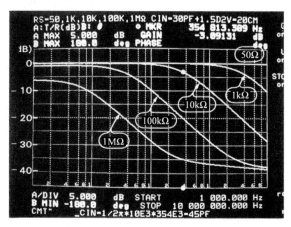

照片 2.5 改变图 2.3 中信号源电阻 R_S 值时的频率特性的变化
(R_S=50Ω,1k,10k,100k,1MΩ,f=1k~10MHz)

在 R_S=100kΩ 时,带域仅为约 10kHz,是个低频电路,预想可能在音频带域上出现问题。

▶ **高频带频率特性恶化应如何补偿?**

要测定不受信号源电阻 R_S 及输入电阻影响的信号的电平、波形,必须提高分压电路的(交流)电阻值。图 2.4 表示具体的分压电路的构成。

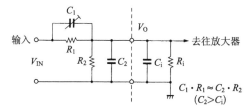

图 2.4 补偿电阻分压电路中的输入电容

这个分压电路常被用在示波器的 10:1 探头(输入电阻 10MΩ)上等。由微调电容器 C_1 进行波形调整(电阻调整)。

电容 C_2 与 C_i 相比,选择大的值,起到不易受配线长度等影响的作用。究竟取怎样的值,这里不进行说明。在如下介绍的

电路例子中，

$$f_c = \frac{1}{2\pi C_2 R_2} \approx 16(\text{kHz})$$

其中 $R_2 \times C_2$ 的时间常数为 $T = 10(\mu s)$。

分压电路的电阻值可根据欧姆定律进行简单地计算，但有必要确定放大器等的输入电阻 R_i 和分压电路的输入电阻值（R_{IN}）。

例如，$R_i = 1$ MΩ，$R_{IN} = 1$ MΩ，分压比 $n = 10$ 时，可求得

$$R_1 = R_{IN}(1 - 1/n) = 900(\text{k}\Omega)$$

$$R_2 = \frac{\dfrac{R_{IN}}{n} \cdot R_i}{R_i - \dfrac{R_{IN}}{n}} = 111.11(\text{k}\Omega)$$

C_2 的值可由 $R_2 // R_i = 100\text{k}\Omega$ 得到：

$$C_2 = \frac{T}{(R_2 // R_2)} = 100$$

微调电容器 C_1 的值可由下式求得：

$$C_1 \approx \frac{C_2 \cdot R_2}{R_1} = 11.1\text{pF}$$

这里使用 20～30pF 的微调电容器。照片 2.6 是微调电容器的例子。

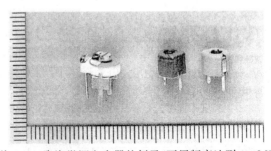

照片 2.6 陶瓷微调电容器的例子（可用频率达到 100MHz）

11 分压比由开关切换的增益控制器

以前介绍的分压器其分压比固定在 1/10，使用旋转开关、继电器等阶段性地切换分压比的情况也很多（称为衰减器）。此时，如用图 2.5 所示的电路实现似乎可以，但如果考虑与下段相连的 OP 放大器等的输入电容 C_i 时，此电路只适合在直流或低频段使用。

照片 2.7 是研究图 2.5(a)电路中,分压比 n 在 $1,10,100$, 1000 中切换时的频率特性的变化。从电路输入端Ⓐ点看输入电阻变高为 $n=10(-20\mathrm{dB})$ 的状态下,频率特性约从 $10\mathrm{kHz}$ 开始下降(照片Ⓐ点)。

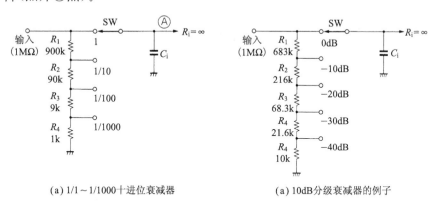

(a) 1/1～1/1000 十进位衰减器   (a) 10dB 分级衰减器的例子

图 2.5　只在 DC～低频域使用的衰减器($Z_{\mathrm{IN}}=1\mathrm{M}\Omega, R_{\mathrm{i}}=\infty$)

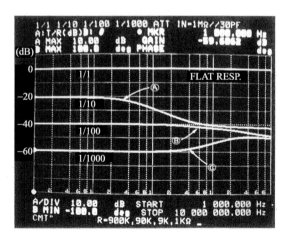

照片 2.7　1/1～1/1000 十进位衰减器的频率特性
($f=1\mathrm{k}～10\mathrm{MHz}, 10\ \mathrm{dB/div}.$)

当 $n=100$ 时,电路电阻约为 $10\mathrm{k}\Omega$,故为 $100\mathrm{kHz}$ 的带域(照片Ⓑ点)。当 $n=1000$ 时,会受到安装、浮游电容的影响,约从 $100\mathrm{kHz}$ 处,频率特性开始上升(照片Ⓒ点)。

因此,要使这些切换型的增益控制器的频率特性平坦,需要频率特性的补偿,用与图 2.4 所示的连动 C_1 的其他旋转开关来实现各种各样的切换。

图 2.6 是在 $0～-40\mathrm{dB}$ 间以 $10\mathrm{dB}$ 阶梯方式来切换的衰减

器的例子。切换开关使用 2 回路旋转开关或信号用小型继电器。照片 2.8 表示适于高频信号切换的继电器的例子。

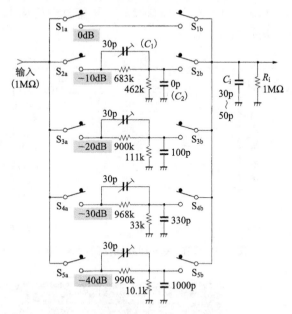

图 2.6   高频可用的频率补偿了 $0/-10/-20/-30/-40dB$ 的衰减器
$(Z_{IN}=1M\Omega, R_i=1M\Omega)$

(a) 表面安装类型   (b) DIP类型

照片 2.8   适于高频信号切换的继电器的例子

在图 2.6 的电路中的 $-10dB$ 位置的补偿电容 $C_2=0pF$，因假想输入电容 C_i 为 $30\sim50pF$，所以可去掉。

以 10dB 阶梯的方式使用的电阻不在标准 E 系列中的居多，实际中如无特殊注明，用 2 个串联电阻得到其合成值。各量程的微调电容器的调整，要以输入数 kHz 的方波、示波器的探头调整为要领进行，如果使用跟踪发生器内置的频谱分析器则会更加便利。

　　照片 2.9 表示无补偿用电容 C_1、C_2（NO COMP）时,以最平坦的方式进行调整后的频率特性。从照片可看出,可实用在数十 MHz 的带域上。

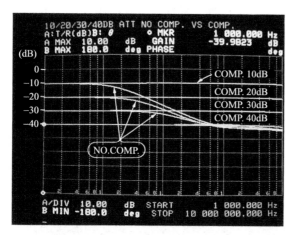

照片 2.9　图 2.6 的衰减器的频率特性
（f＝1k～10MHz,NO COMP 无补偿电容的状态）

　　不补偿频率特性时,不管什么衰减量,在约 1MHz 处都衰减为 40dB。这是由于输入侧的电阻 R_1 和配线的浮游电容所致,此值可想像为有 0.5pF 左右。

12　输入电阻 10MΩ,$100∶1$ 的增益控制器

　　一般的示波器,其输入量程最大为 5 V/div.。因此,测定高电压时,使用（10∶1）或（100∶1）的探头。测定时的输入阻抗 R_{IN} 高时对被测电路的影响很小,所以通常为 10MΩ 以上。

　　图 2.7 是假定 R_{IN}＝10MΩ,分压比 n＝100,示波器及放大器的输入电阻 R_i＝1MΩ,输入电容 C_i＝30～50pF 时的增益控制器的设计例。

　　因分压比 n＝100,R_1＝9.9 MΩ（3 个 3.3 MΩ 串联）,所以 R_2 变成了 R_2＝111.1 kΩ。C_2 取 100pF 这样的大值,如果不这样,C_1 的值就不能变成适度的大小。C_1 约为（C_2＋C_i）的 1/100。C_2＋C_i＝150pF 时的 C_1 值为其 1/100,约为 1.5pF,由 3 pF 的固定电容和 5 pF 的微调电容器串联连接。

　　照片 2.10 是表示在图 2.7 的增益控制器上,改变微调电容

器 C_T 时频率特性的变化情况。如果进行最适调整,可覆盖 10MHz 以上的带域。

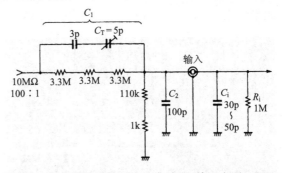

图 **2.7**　对应示波器的 1/100 衰减器(输入电阻 10MΩ)

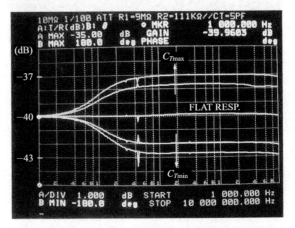

照片 **2.10**　改变 1/100 衰减器(输入阻抗 10MΩ)的
微调电容器时的频率特性的变化(f＝1k～10MHz,1 dB/div.)

照片 2.11 是测定(100∶1)的增益控制器上的方波响应。照片(a)是只用 9.9 MΩ 和 111 kΩ(因示波器的输入阻抗为 1 MΩ,故合成阻抗值为 100 kΩ)的电阻分压器时的输入输出波形。如果注意仔细观察输出波形,其输出是瞬时上升,然后又弯曲。在频率轴上具有 2 个极点的响应波形。

输入为 $2V_{P-P}$,输出振幅为 $20mV_{P-P}$,其分压比正好为 1/100。

频率特性的调整也可由示波器看出。将增益控制器连接方波振荡器或者示波器的"CAL"端子,以无超调方式用微调电容器进行补偿调整。

照片(b)是附加补偿电容,以频率特性变平坦为目标,进行调整时的输入输出波形。以和示波器用10∶1的探头校正相同为

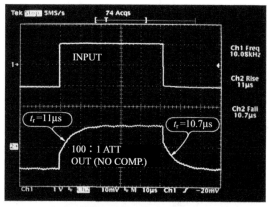

(a) 无频率补偿时的输入输出波形

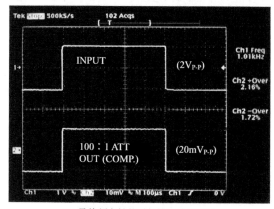

(b) 最佳频率补偿时的输入输出波形

照片 2.11 1/100 衰减器的方波响应（$f=10\text{kHz}$）

要领,将微调电容器进行最适调整时的波形。如果频率特性补偿不足,会变成如照片(a)所示的上升时的不好波形;而如果过度补偿,则会出现超调波形(在波形的两边缘可见微分脉冲)。

照片 2.12 VHF 频带以上使用的柱状微调电容器

当增益控制器的输入电阻 R_{IN} 为 10MΩ 时,频率补偿电容 C_1 的值变小,调整变得严格。在实际的高电压探头上,不用普通的微调电容器,而使用本章末图中所示的柱状电容旋转进行调整。用于高频的柱状微调电容器如照片 2.12 所示。

13 高频用低阻抗增益控制器

比如示波器等的增益控制器在电阻分压器的阻抗很高时,就会受到由配线引起的肉眼看不到的静电电容,即浮游电容的影响。因此,在宽带域化时,应使各分压电路元件低电阻化。例如,电路的阻抗为 1 kΩ 时,在 $Z=1$ kΩ,$C_i=10$pF 的 3dB 的带域幅度内,

$$f_C = \frac{1}{2\pi C_i \cdot Z} \approx 16\,(\text{MHz})$$

在映像电路、高频电路中,用 $Z=75$Ω 或 50Ω 的阻抗处理信号的理由是由传送电缆的特性阻抗决定,当电路阻抗低时,不会漏掉能更宽带化的点。

作为高频波中常使用的增益控制器,有对称 π 形和 T 形电路。图 2.8 作为其一例,表示 $Z_0=50$Ω、1dB 阶梯的衰减器。对于这个衰减器,驱动阻抗和终端阻抗相等(可能不对称),常数计算在设定衰减量和电路的阻抗 Z_0 之后进行。

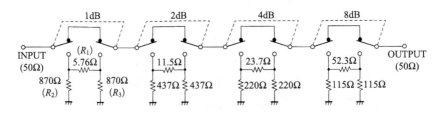

图 2.8 $Z_0=50$Ω 的 1dB 阶跃衰减器

切换开关使用 2 回路的搬扭开关或高频用继电器,如果不能尽量缩小输入输出间的容量耦合,在高频处就不能得到大的衰减。

图 2.8 中的各个电阻值 R_1、R_2、R_3,如果阻抗 Z_0、衰减量 x(dB)确定,则按

$$R_1 = \frac{Z_0}{2} \cdot \frac{(10^{\frac{x}{20}})^2 - 1}{10^{\frac{x}{20}}}$$

$$R_2 = R_3 = Z_0 \cdot \frac{10^{\frac{x}{20}}+1}{10^{\frac{x}{20}}-1}$$

进行计算。

整理表 2.1 中常用的 $50\Omega, 75\Omega, 600\Omega$ 的衰减器的计算值。50Ω 被用于高频信号系统,75Ω 被用于视频信号系统,600Ω 被用于声频信号系统。因这里所示的电阻值不在标准 E16~E48 系列值中,所以实际上特殊注明或发觉若干的衰减误差,从 E96 系列值中选取。

40dB 以上的衰减量时,高频特性会变差。例如,80dB 的增益控制器,是串联连接两个 40dB 的增益控制器,实际安装时要非常注意。

表 2.1   50 Ω/75 Ω/600 Ω   单位:Ω

x (dB)	$Z_O = 50\ \Omega$		$Z_O = 75\ \Omega$		$Z_O = 600\ \Omega$	
	R_1	$R_2 = R_3$	R_1	$R_2 = R_3$	R_1	$R_2 = R_3$
0.1	0.576	8.686k	0.863	13.03k	6.908	104.2k
0.2	1.151	4.343k	1.727	6.515k	13.82	52.12k
0.4	2.303	2.172k	3.455	3.258k	27.64	26.06k
0.8	4.611	1.087k	6.918	1.630k	55.34	13.04k
1	5.769	869.5	8.654	1.304k	69.23	10.43k
2	11.61	436.2	17.42	654.3	139.4	5.235k
4	23.85	221.0	35.77	331.5	286.2	2.652k
8	52.84	116.1	79.27	174.2	634.1	1.394k
10	71.15	96.20	106.7	144.4	853.8	1.155k
20	247.5	61.10	371.3	91.67	2.970k	733.3
40	2.500k	51.01	3.750k	76.52	30.00k	612.1

因图 2.8 的衰减器电路的阻抗低,很容易得到达数十 MHz 的带域。

━━━━━ **专栏** ━━━━━

示波器 100∶1 探头的实际情况

观测高频波、高电压波形时,在一般使用的探头中,允许输入电力不足。索尼公司的 100∶1 的探头,可补偿调整到允许输入电压为 1.5kV,输入电阻为 10MΩ,输入电容为 2.5pF,8~47pF 的负载电容。

图 A 是探头 P6009 内部的电路。为使其具有 120MHz／－3dB 的频率特性，补偿电路相当复杂。低频波的补偿由探头体内的电容补偿进行，高频波的补偿由 C_{114}、R_{110}、R_{116}。

图 B 是探头的构造。补偿单元内部安装了 RCL 电路元件。

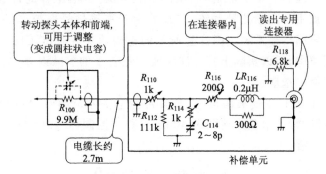

图 A P6009 的内部电路

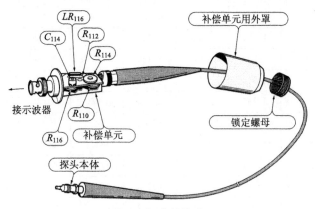

图 B 探头的构成

第 3 章
用于电源稳定化的电容效果的实验

电子电路中电容的作用之一,就是具有储蓄电气的功能。在电源电路中,这种储能电路的好坏,决定了怎样供给电子电路…IC/LSI稳定的 DC 电源,很大程度地左右着电路的稳定性。

14　电源旁路电容的必要性

▶ 旁路电容的必要性

观察电子电路的印制线路板,会发现在 IC/LSI 的附近,即电源管脚附近安装了电容(照片 3.1)。

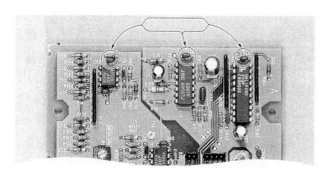

照片 3.1　要使 IC/LSI 稳定动作,电源旁路电容不可缺少

如果观察电子电路的图纸、电路图,会发现在 IC 电源管脚处也有不指出旁路电容器(以下简称旁路电容)的例子。这是因为,插入旁路电容是理所当然的习惯。如果没有旁路电容,电路立刻不能动作。

但是电路动作和准确地发挥出电气性能的意义是不同的。因此,要制作成品率高、稳定度高的电路,旁路电容是很重要的。有关印刷线路板的实际安装的书籍,多会阐述关于旁路电容的重要性,当然我们也看到过放入很多的旁路电容的例子。要得到旁路电容的效果,在某些必要的地方,如在 IC 电源附近或处理信号的频带域内,安装阻抗值十分低的电容是很重要的。

▶ IC 电源线路中流过的电流

为理解旁路电容的必要性,用由图 3.1 所示的 CMOS 逻辑电路构成的开关电路进行实验。

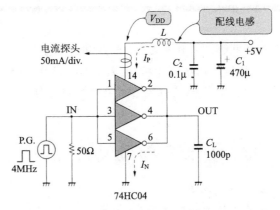

图 3.1 用于实验电源旁路电容必要性的电路

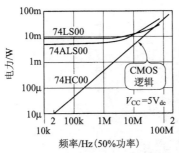

图 3.2 CMOS 逻辑 IC 的动作频率和消耗电流的变化

可以认为 CMOS 逻辑 IC 的消耗电力非常小,但这是在 CMOS 在较低频率下动作时的说法。在高速时钟频率动作的电路中,如图 3.2 所示,消耗的电力与时钟频率成比例。目前高速 CPU 几乎都由 CMOS 构成,所以消耗的电力也未必很小。

在图 3.1 的实验电路中,CMOS 的负载电容 $C_L = 1000\text{pF}$,假设作为负载的功率 MOSFET 的门驱动。一般的逻辑电路中的负载为低电容。但是,即使对应逻辑 1 个单元,也具有数 pF 的输入电容,不能轻视。

在实验电路的 +5V 的电源线路上,为使电源低阻抗,将 $C_1 = 470\mu\text{F}$ 的铝电解质电容和约在 10MHz 处具有共振频率的叠层陶瓷电容 $C_2 = 0.1\mu\text{F}$ 并联连接。

在印制电路板上,板型和配线的电感成分 L 是重要的要素。

这里,特别附加 Φ0.4mm,长度 5cm 的电镀线,并用示波器的电流探测器夹紧,用于测定电流波形。

CMOS 的负载电容 C_L 上流过的电流,如图 3.3 所示,当 OUT＝"H"电平时,电流 I_P 由 P 沟道 MOS 管供给,当 OUT＝"L"电平时,在 N 沟道 MOS 管上引入电流 I_N。电流探测器只观测 I_P。

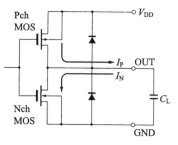

图 3.3 CMOS 输出电流由电源供给

照片 3.2 是观测 74HC04 的输出波形 ch_1。因 $C_L＝1000pF$,所以不能快速上升。即在此实验中使用的 CMOS IC 74HC04 的输出电流很小,要得到大的输出电流,需将逻辑电路 3 电路并联。这种电路的并联连接,只能实现在同一封装内的元件间。

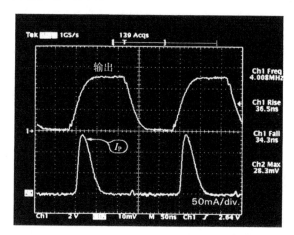

照片 3.2 图 3.1 中 74HC04 的输出波形和电源电流
（$f＝4MHz,C_L＝1000pF$,配线长＝5cm）

ch_2 是用电流探测器观测的在 74HC04 的 VDD 端子上流过的电流波形。这里,流过约 140mA 的峰值电流,并且作为负载电容 C_L 的充电电流。对应输出电压的上升,I_P 流过的初始时间约有 20ns 的延迟,是电流探测器所具有的延迟时间。电源电流的通电时间约为 50ns,这个时间与负载容量 C_L 的大小、逻辑 IC 的输出电流能力、配线电感 L 的大小有关。

照片 3.3 是 V_{DD} 端子的电压下降波形。当 OUT＝"H"电平时,瞬间约下降 1.5V。这个脉冲幅度是极为狭小的波形,含有很多高频成分的噪声频谱。

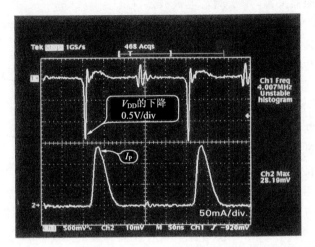

照片 3.3　图 3.1 中 74HC04 的电源端子波形和电源电流波形

($f=4\mathrm{MHz}$, $C_\mathrm{L}=1000\mathrm{pF}$, 配线长=5cm)

　　整理 IC 电路中安装电源旁路电容的作用和目的, 有如下几点:

　　(1) 抑制由电源线路中的电感成分形成的阻抗的上升;

　　(2) 瞬时供给电源端子上流过的电流;

　　(3) 作为效果, 降低电源线路上的噪声。

15 电源旁路电容的电容特性

▶ 关注电容的共振频率

　　在处理宽带信号的模拟电路(高频电路)和利用各种各样的时钟动作的逻辑电路中使用的 IC 的旁路电容, 都要求在宽频率范围内具有低阻抗的特性。一般地, 低频领域, 使用铝电解电容; 高频领域, 使用 $0.01\mu\sim0.1\mu\mathrm{F}$ 的陶瓷电容, 如可能, 也可将层压型或片型电容并联连接使用(照片 3.4)。

　　照片 3.5 是测定 $1\mu\sim100\mu\mathrm{F}$ 的铝电解电容的阻抗-频率特性曲线。从曲线上可知, 阻抗与静电容量成比例, 变为低阻抗。一般地, 使用 $4.7\mu\sim47\mu\mathrm{F}$ 的电容, 但在高频下, 就会具有数 Ω 的阻抗 Z。此时, 从 $\Delta V=|Z|\times\Delta i$ 的关系来看, 在电源电流变化大的电路中, 不能抑制端子电压的变动。

(a) 铝电解
电容承担
低频

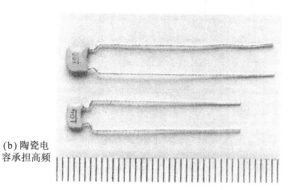

(b) 陶瓷电
容承担高频

照片 3.4   适于作电源旁路电容的电容

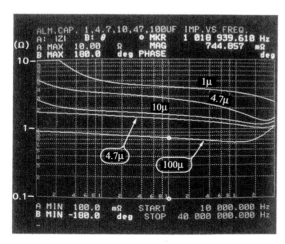

照片 3.5   铝电解电容的(1/4.7/10/47/100μF)阻抗-频率特性
($f=10\text{k}\sim40\text{MHz}$,标识点 $f=1\text{MHz}$,$100\mu\text{F}$)

　　由于用 $100\mu\text{F}$ 以上的电容会使阻抗下降,所以在端子电压
变动大的电路中,能得到容许大容量化的良好效果。

　　照片 3.6 是测定 $1\mu\sim100\mu\text{F}$ 的浸渍式钽电解电容(照片
3.7)的阻抗-频率特性曲线。它和照片 3.5 中所示的铝电解电容的倾向不同。即同样的静电容量,阻抗很低,可期望其作为旁路电容的效果。但是考虑到钽电解电容的可靠性,并不常用。钽电解电容的充电电流和放电电流不像铝电解电容那样,可取值很大,因此如出现故障,会变成短路。

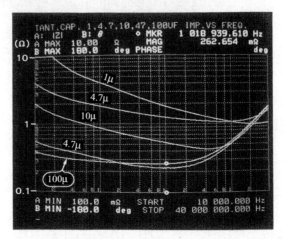

照片 3.6 钽电解电容$(1/4.7/10/47/100\mu\mathrm{F})$的阻抗-频率特性
$(f=10\mathrm{k}\sim40\mathrm{MHz},$标识点 $f=1\mathrm{MHz},100\mu\mathrm{F})$

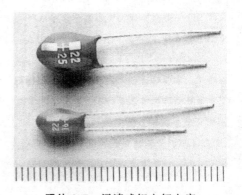

照片 3.7 浸渍式钽电解电容

照片 3.8 是研究适于承担高频波的陶瓷电容的阻抗-频率特性曲线。与先前的实验不同,变更纵轴和横轴的比例。

在这种频率特性中,阻抗$|Z|$变为最小的频率 f_0 称为自身共振频率。$C=0.1\mu\mathrm{F}$ 时为 $10\mathrm{M}\sim20\mathrm{MHz}$(取决于引线的长度),处理这以上的频率时,选用 $0.1\mu\sim0.01\mu\mathrm{F}$ 的电容。

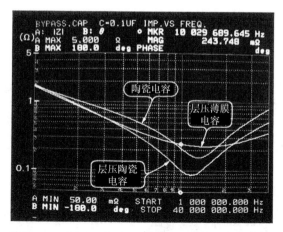

照片 3.8 被用于旁路电容的电容的阻抗-频率特性

（f＝1M～40MHz，标识点 f＝10MHz）

薄膜系列和陶瓷系列的电容，虽然在很小的静电容量下能够达到低阻抗化，但应注意其低阻抗的范围很狭小。

但是无论选用哪种，在高频电路和高速逻辑电路中，如果在IC电源管脚附近不附加旁路电容，就不能得到旁路电容的效果。

▶ **在电源线路上安置旁路电容**

电容的品种选择和静电容量的选择虽然很重要，但如果在印制电路板上的安装不好也不能收到理想的效果。图 3.4 是被认为效果良好的部件配置。逻辑IC使用双面印制电路板时，将

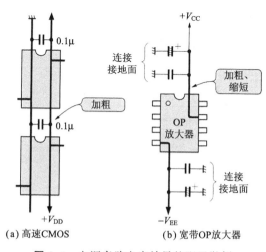

图 3.4 电源旁路电容效果的配置举例

$+V_{DD}$ 线路和 GND 线路变粗,在 IC 附近配置旁路电容。还有比较好的方法是使用多层印制电路板,将 $+V_{DD}$ 和 GND 各使用1层,能达到更低的噪声化(图 3.5)。

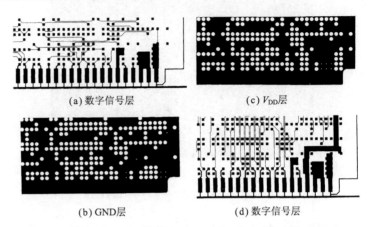

(a) 数字信号层　　　　　　　　(c) V_{DD} 层

(b) GND层　　　　　　　　(d) 数字信号层

图 3.5　多层印制电路板可进行理想的电源/接地配置

在宽带 OP 放大电路中,逻辑电路等的电流变化不快。但电源线路及接地线路的阻抗高,会出现不稳定的动作,所以接地平面要宽,并在最接近电源端子处插入陶瓷系列的旁路电容。

承担低频的铝电解质电容,采用若干分开连接的方式。

16　模拟电路的电源去耦装置的效果

电子电路的电源,一般如图 3.6 所示,使用 3 端子调节器或 DC-DC转换器使其稳定化,但并不能限定完全没有噪声。特别

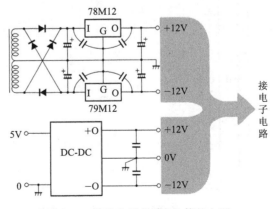

图 3.6　供给电子电路、IC 等的电源

地,在开关电源(含有 DC-DC 转换器)中,含有许多高频开关噪声,当这些噪声混入处理低电平信号的模拟电路、OP 放大电路中时,会产生比 IC 自身所产生的噪声更大的噪声。

照片 3.9 是研究市场上出售的 DC-DC 转换器的输出噪声的波形。由此可知,即使在模拟电路,也会产生相当大的纹波噪声。

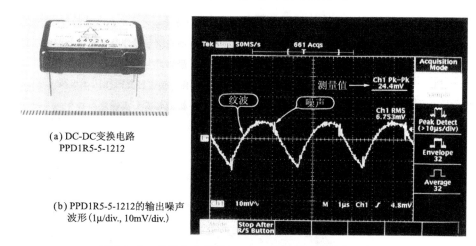

(a) DC-DC变换电路
PPD1R5-5-1212

(b) PPD1R5-5-1212的输出噪声
波形(1μ/div., 10mV/div.)

照片 3.9　市场上出售的 DC-DC 变换器及其噪声的例子

因此,模拟电路的电源如图 3.7 所示,为使噪声发生源和电源交流分离,附加由电阻 R 和电容 C 组成的低通滤波器电路。以将耦合变成稀疏为目的,所以称之为去耦电路。

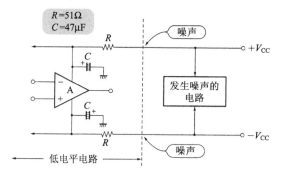

图 3.7　接模拟电路的去耦电源的例子

这个电路的电阻 R 值高时,可使噪声大大衰减,但由于模拟电路、OP 放大器中消耗的电源电流会引起电压下降,所以不能做很大衰减。

去耦电容 C 的值,可大到使电源阻抗下降为效果,现实中使

用 $47\mu\sim100\mu$F 左右的电容。

照片 3.10 是取 $R=51\Omega$、$C=47\mu$F(因此 $f_C=66$Hz)时的去耦电路的衰减特性曲线。在数百 Hz 以下的噪声(电源纹波)下,不能得到大的衰减效果,但 OP 放大器的电源变动的除去率如图 3.8 所示,在低频下变得很大,因此电源纹波的影响小,低噪声化的效果很显著。

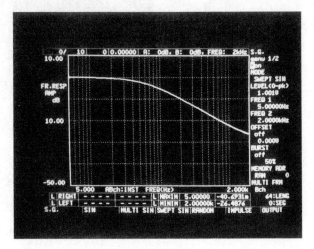

照片 3.10 去耦电路的频率特性($f=5$Hz~2kHz,
10dB/div. ,$R=51\Omega$,$C=47\mu$F)

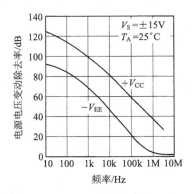

图 3.8 除去常用的 OP 放大器 LF356 的电源电压变动的特性
(高频的变动,弱于噪声;低频的变动,很难受纹波影响)

17 加大平滑电容容量的纹波滤波器

电源电路,特别是整流电路中,电容在平滑作用方面发挥着重要的作用。减小整流电路的纹波是电源电路中最重要的,因此一般使用大容量的铝电解电容。

在平滑电路中,使电容值大容量化的电路如图 3.9 的虚线框内所示,含有被称为有源纹波滤波器的电路,纹波滤波器的工作原理如下所述。

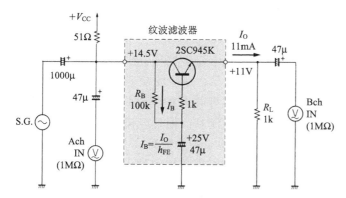

图 3.9 去耦滤波器和用于测定的电路

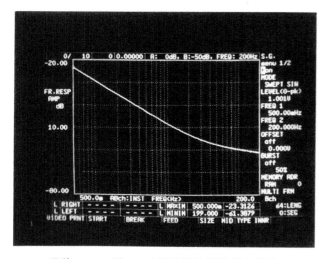

照片 3.11 图 3.9 中波纹滤波器的频率特性

由 $I_B = I_0/h_{FE}$ 可知,三极管的基极电流 I_B 为输出电流 I_0 的 $1/h_{FE}$。因此,在此电路中,R_B 的值取为高电阻。附带说一句,以前也有使电容值变为 h_{FE} 倍的方法。实际上,由于 $R_B=100\mathrm{k}\Omega$、$C=47\mu\mathrm{F}$ 的截止频率 $f_C=0.033\mathrm{Hz}$,所以在电源纹波频率(100～120Hz)处能得到大的纹波衰减量。

照片 3.11 表示了图 3.9 中的纹波滤波器的频率特性,由此图可知,$f=0.5\mathrm{Hz}$ 时衰减约 23dB,$f=100\mathrm{Hz}$ 时衰减约 60dB。

还有,此电路能争取使纹波衰减加大,但不能缺少串联通过的三极管。输出电流大时,要充分留意三极管的发热和放热。

18　稳压二极管的噪声和抑制

▶ 意外和大稳压二极管的噪声

在模拟电路特别是测量电路中,必须具有用于测定的基准的稳定电压——基准电压。那些场合多使用稳压二极管和基准电压发生用 IC,在不需要很高的精度时使用廉价的稳压二极管。但是如果低电压二极管的偏置电流(动作电流)在数百 $\mu\mathrm{A}$ 下动作,则从二极管上就会产生数百 $\mu\mathrm{V}$ 的噪声。

数百 $\mu\mathrm{V}$ 以下的噪声即使用示波器观测也可能漏掉,所以可认为不存在任何问题。但是,增幅、扩大基准电压使用的用途,例如在高电压发生用电源电路中,为得到 $V_O=nV_{REF}$,即基准电压 V_{REF} 扩大 n 倍的输出电压,就会使稳压二极管所产生的噪声也扩大 n 倍。

通常的稳压二极管所产生的噪声依赖于流过的偏置电流。低噪声化下可设计成大电流,但低功耗化时需用低偏置电流设计。

▶ 调整稳压二极管的噪声

图 3.10 是将 $V_Z=5.1\mathrm{V}$ 的稳压二极管(NEC 的 RD5.1E),用齐纳电流 $I_Z=200\mu\mathrm{A}$ 偏置,为改善负载变动,使用 OP 放大缓

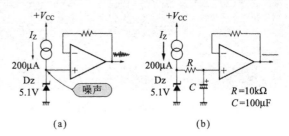

图 3.10　对于稳压二极管,放入 RC 滤波器较好

冲器的例子。稳压二极管所产生的噪声,如不经过高增益的前置放大器(这里 1000 倍＝60dB)观测波形,仅用一般的示波器是不能看到的。

照片 3.12 是图 3.10(a)的稳压二极管的端子间噪声。电压轴为 1000 倍,50nV 的噪声变为 $50\mu V/div.$。峰值电压约为 $200\mu V_{P-P}$(根据 I_z 值变化),有效值为 $32.6\mu V_{rms}$。另外,噪声的频谱在宽范围内随频率而分布(应用于白噪声发生器)。

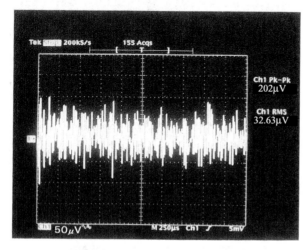

照片 3.12   稳压二极管的噪声波形
($I_z = 200\mu A$,$50\mu V/div.$,$250\mu s/div.$,(×1000))

图 3.10(b)是降低稳压二极管所产生的噪声的方法。由于 OP 放大缓冲器的输入电阻非常高,作为低通滤波器的 RC 电路的值具有自由选择的特征。这里,$R = 10k\Omega$、$C = 100\mu F$(铝电解电容),构成了超低频的低通滤波器电路。

照片 3.13 是确认插入 RC 滤波器的效果。它和照片 3.12 在同一条件下测定,请对比观测其效果。电容 C 的端子间噪声下降到 $60\mu V_{P-P}$,但实际上此噪声几乎都是测定用前置放大器的噪声。实际的噪声应变为相当小的值。

▶ IC 调节器的不足

电源电路中使用 IC 的场合很多,这种电源用 IC 总会产生多多少少的噪声。特别是 3 端子调节器 IC 的噪声更是不能忽视。照片 3.14 是参考目前市场上出售的 3 端子调节器 IC 的输出噪声波形。

　　而且,在这种调节器内部没有内置的基准电压端子(V_{REF} OUT)管脚。因此,不能制作出低噪声电源。在调节器的输出端子上,即使连接大容量的电容,由于输出电阻值极小,所以几乎不存在减小噪声的效果。

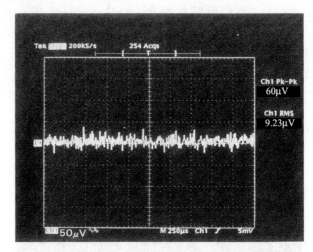

照片 3.13　追加 RC 滤波器时的稳压二极管的噪声特性

$(I_z=200\mu\text{A},50\mu\text{V/div.},250\mu\text{s/div.},(\times1000))$

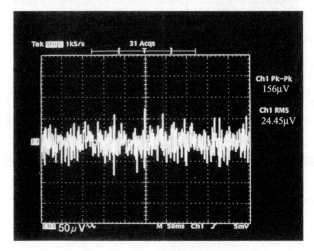

照片 3.14　3 端子调节器的噪声波形

$(50\mu\text{V/div.},50\text{ms/div.},(\times1000))$

19　AC电源线路的噪声对策电容

▶ **噪声实验不可缺少**

不限定为 100V,各种各样的电子设备/电机都连接工频 AC 线路,其动作就会产生各种各样的噪声。因此,对噪声无防备的电子设备,存在由噪声引起误动作,电源电路部件损坏等的故障情况。

设计、制作电子设备时,有必要充分注意从 AC 线路混入的噪声。一般地,多使用图 3.11 所示的 AC 线路滤波器(选择怎样的滤波器有很多的经验技术)。

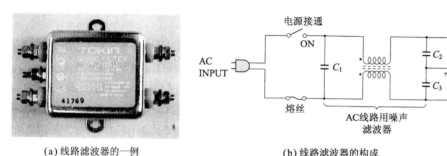

(a) 线路滤波器的一例　　　　　(b) 线路滤波器的构成

图 3.11　插入在电子设备 AC 线路上的 AC 线路滤波器

今天,作为电子设备的电路电源,一般多使用开关电源。在开关电源中,在 AC 线路输入电路内,藏有噪声·滤波器电路。这种场合的噪声·滤波器电路,其目的是使开关电源所产生的噪声不返回 AC 线路。

开关电源基本上都是产生噪声的装置。在噪声成为问题的模拟设备上,现在也使用电源变压器降压,使用 3 端子调节器等得到规定的电源的直流稳定化电源。

▶ **在电源变压器绕线上插入并联电容**

在产生噪声的设备(开关电源等)上,在 AC 线路上,需要采用不使噪声流出的滤波器。在此以外的设备上,如果要抑制从 AC 线路上来的噪声,就要对从 AC 线路上来的噪声,进行稳定的动作。

图 3.12 的电路是使用电源变压器得到直流稳定化电源、无任何变化的电路。对于这样的电源电路,以研究噪声特性为目

的,使用噪声发生器,在 AC 线路上用正常方式施加高电压脉冲,发现耐电压低的硅整流器和 3 端子调节器等有破损的现象。

此时,在变压器的 2 次侧插入 0.1μF(耐电压为 250 ～ 600V)左右的薄膜电容,可抑制脉冲噪声。

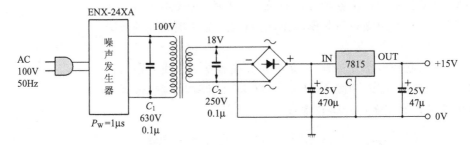

图 3.12　噪声试验会被破坏的电路

照片 3.15 是将从噪声发生器 ENX-24XA(三基电子制造)上来的约 800V、脉冲幅度为 1μs 的脉冲重叠到 AC 线路上的波形。线路配线有 3m,可看到大的阻尼振荡现象,它将成为 1.2kV$_{P-P}$ 的脉冲噪声。

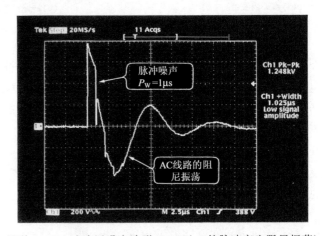

照片 3.15　试验用噪声波形(800V/μs 的脉冲产生阻尼振荡)

将此模拟噪声波形加到变压器的 1 次侧(相位角为 0°)上,2 次侧如照片 3.16 所示,1.2kV$_{P-P}$ 通过 87V 的噪声。考虑由于是变压器,会变成单纯地成比例的噪声,施加 2kV$_p$ 的脉冲,(通过变压器的耦合电容)可通过 200V$_{P-P}$ 的噪声。

这种脉冲性噪声,通过在变压器的 1 次侧上并联连接

0.1μF 的薄膜电容，能够抑制在 40V_{P-P}，但如放在 2 次侧会更有成效。

照片 3.17 是在变压器的 2 次侧上，并联连接 0.1μF、250V 的薄膜电容时的 2 次电压。由此可知，噪声完全被除去。

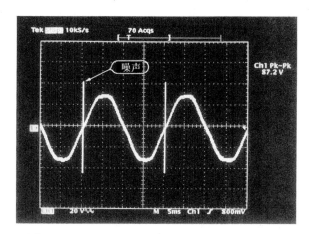

照片 3.16 AC 线路上重叠 1.2kV_{P-P} 的噪声时的变压器 2 次侧波形

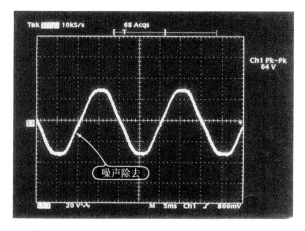

照片 3.17 将 $C=0.1\mu F$ 加在变压器 2 次侧的波形
（脉冲噪声被去掉）

还有，在这种电路中使用的薄膜电容必须是完全通过安全规格的，我们称之为 X 电容。

第 4 章
电源中使用扼流线圈的效果实验

在模拟电路和数字电路混合的插板上,特别是数字电路产生的噪声会混入电源线路中。因此,数字电路所产生的噪声,会成为用低电平处理宽频带信号的模拟电路的故障源。

这里,以电源线路滤波器为主,针对用于固定电感、高频带中的噪声对策的扼流线圈的有效的使用方法进行实验。

20　使用扼流线圈时应注意高频带中的共振

扼流线圈是用于通过直流成分,阻止交流高频波成分的线圈。使用起来和固定电感(线圈)具有相同的意义。表 4.1 表示的是经常使用的具有代表性的固定电感的例子。照片 4.1 是电感的外观。

表 4.1　固定电感的例子

型　名	厂　商	容量范围(H)	容量容许差	使用温度范围(℃)	标准数	磁屏蔽	形　状
TP	TDK	0.1μ～10m	GJK	-55～105	E12	无	轴向
EL	TDK	0.22μ～56m	JKM	-20～80	E12	无	径向
ELF	TDK	0.22μ～100m	KM	-20～80	E12	有	径向
ACL	TDK	10n～1m	KM	-25～85	E12	有	SMD
MLF	TDK	47n～220μ	KM		E12	有	SMD
NLF	TDK	1μ～1m	KM		E12	有	SMD
LEM	太阳诱电(株)	0.12μ～220μ	JKM	-25～85	E12	无	SMD
LAL	太阳诱电(株)	0.22μ～1m	KM	-25～85	E12	无	轴向
LHL	太阳诱电(株)	1μ～150m	JKM	-25～90	E12	无	轴向
LHFP	太阳诱电(株)	10μ～10m	K	-25～90	E12	有	径向

线圈 L 的电抗(交流下的电阻)为

$$X_L = 2\pi fL = \omega L(\Omega)$$

频率 f 越高、电感 L 的值越大,会产生很大的电抗,高频电流就变得很难流过。

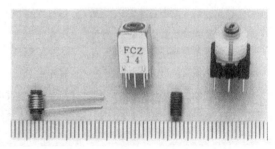

照片 4.1 固定电感的外观

因此,应阻止噪声等的高频信号。

现实中的线圈具有直流电阻和损失电阻(R_S)成分。因此,线圈的阻抗为

$$|Z| = \sqrt{R_\text{S}^2 + \omega^2 L^2}$$

另外,线圈自身的绕线间的分布容量 C_P,即使很小也会引起高频区域的并联共振现象,会变成极大的阻抗。

照片 4.2 是研究小型固定电感(TP0410 系列,1mH,TDK)的阻抗-相位特性的结果。在低频时仅有数 Ω 的阻抗,随着频率的变高,阻抗 $|Z|$ 会上升,在 $f \approx 2.5\text{MHz}$ 附近会引起并联共振。

此时的共振频率为

$$f_0 = \frac{1}{2\pi\sqrt{L \cdot C_\text{P}}}$$

从此式中使用的电抗的并联电容 C_P 加以反向推算,则

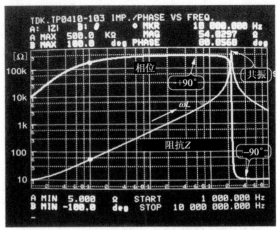

照片 4.2 电感 TP0410-1mH 的阻抗-相位特性
($f = 1\text{k} \sim 10\text{ MHz}$,$Z$ 为对数表示,相位为 $\pm 100°/\text{FS}$)

$$C_P = \frac{1}{\omega^2 L} = 4 \, (\mathrm{pF})$$

一般地,电感 L 越小,则共振频率 f_0 越高。

21　电源线路滤波器中的 π 形低通滤波器

图 4.1 表示 π 形 LC 滤波器的构成。它和普通的印刷电路板上,重叠在电源线路上的衰减噪声、高频成分的低通滤波器相同,在电源线路上多数安装了用于 IC 的旁路电容,其动作和滤波器电路有些部分不同。

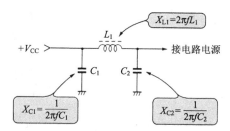

图 4.1　电源去耦用 π 形滤波器的构成

插入在电源线路中的扼流线圈的电感 L 的大小,究竟取多少合适,笔者经常使用 $L=100\mu\mathrm{H}$ 左右。

照片 4.3 是在图 4.1 的电路中,$C_1 = C_2 = 0.1\mu\mathrm{F}$(多层陶瓷电容)和 $100\mu\mathrm{F}$ 的铝电解电容并联连接的衰减特性。用 $C_1 = C_2 =$

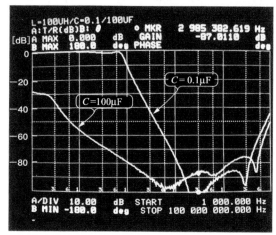

照片 4.3　π 形滤波器的衰减特性($L=100\mu\mathrm{H}$,$C_1 = C_2 =$ $0.1\mu + 100\mu\mathrm{F}$ 铝电解电容,$f=1\mathrm{k}\sim100\mathrm{MHz}$,$10\mathrm{dB/div.}$)

0.1μF 表示典型的低通滤波器特性(−18dB/oct),但在实际的印制电路板上 IC 电源端子上通常附加数 μF~数十 μF 的电容(为降低电源阻抗,大容量较好),这样可得到宽频带范围内的很大的衰减量。

在 CPU、存储器插板等的数字电路印制电路板上,IC 的电源端子附近多数安装 0.1μF 左右的多层陶瓷电容(片状类型较好),即旁路电容。这是为抑制由电路板上的电感所引起的阻抗的上升而进行的安装。

下面测定电源线路中插入扼流线圈时的衰减特性。

照片 4.4 表示将图 4.1 的滤波器中的 L 替换为 1μ~1mH 时的衰减特性的变化。电感 L 越大,越可除去低频噪声,但实际上,从 IC 电源端子侧观测到的阻抗也上升,这样电源电压会振荡。因此,IC 侧必需容量很大的电容。

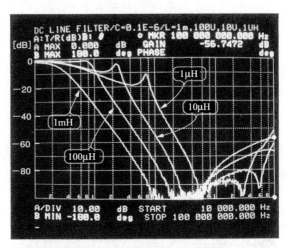

照片 4.4   电源线路滤波器的频率特性
($C_1 = C_2 = 0.1\mu\text{F}, L = 1\mu \sim 1\text{mH}, f = 10\text{k} \sim 100\text{MHz}, 10\text{dB/div.}$)

22   低噪声宽带放大器的电源线路滤波器

在放大数 mV 信号的宽带放大器电路中,特别是前置放大器等如照片 4.5 所示,需存放在特殊的金属盒中。但现实中将印刷电路板单板化的设计实例较多,因此逻辑系统中的数字噪声会混入模拟系统中,从而使放大器系列的 S/N 恶化的情况较多。

作为此种情况的对策之一,模拟系统和数字系统的接地线路如图4.2所示分开,如图4.3所示,在模拟系统的 IC 中,各电源电路分别设计滤波器。此时的线圈 L_1 和 L_2 因电路电流很小,所以可使用片型固定电感(照片4.6)。

另外,高频旁路电容准备 $0.01\sim0.1\mu F$ 的陶瓷电容,仍然是片型为最佳。$\pm V_{CC}$ 线路的电容,是在电路的各个模块上,插入数十 μF 的电容。

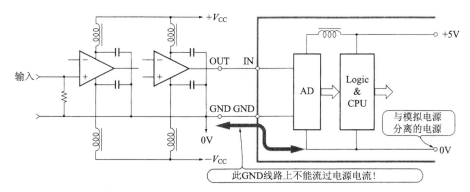

图 4.2　模拟电路和数字电路混和时,分离接地线路

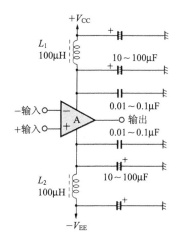

图 4.3　宽带放大器上电源线路滤波器也很重要

照片 4.5 微小信号电路存放在金属盒内的组件较好　　　**照片 4.6 片型固定电感的外观**

23 以阻止信号为目的的扼流线圈

　　传感器常用于测量各种各样的物理量,但在传感器附近,也有无驱动电源的情况。此时,如果从传感器来的信号是交流、高频波,则从测量器等的主装置上,供给信号电缆上传感器用的直流电力。

　　如图 4.4 所示电路,向前面 100m 处的传感器、放大器供给电路电源。在这样的构成中,前置放大器的电源 $\pm V_{\text{CC}}$,经过线圈 L_2 供给同轴电缆的信号侧,从前置放大器来的信号,仅 AC 成分与电容 C_2 耦合。

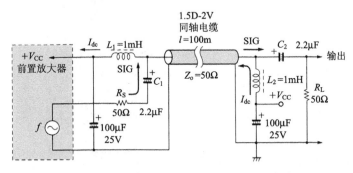

图 4.4 信号线路上加载供给传感器的电源的例子

　　一方面,前置放大器侧用线圈 L_1 阻止交流信号,只取出直流成分供给电路电源。

　　这种方式最重要的是,对于传输线路的阻抗 Z_0(这里为 50Ω),线圈 L_1、L_2 的阻抗要足够高(参照照片 4.2 所示的线圈阻抗特性,在 $f=100\text{kHz}$ 处约 500Ω)。

　　照片 4.7 是 $Z_0 = 50\Omega$ 时的信号线路的频率特性。这个电路常数在 f＝数十 kHz 至数 MHz 都可使用。

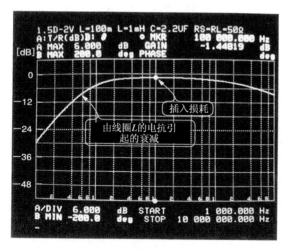

照片 4.7　信号线路上（同轴电缆 1.5D-2V）重叠电源的电路的频率特性（电缆长＝100m, $Z_0 = 50\Omega$, f＝1k～10MHz, 6dB/div.）

　　在 f＝100kHz 时,约有 1.4dB 的损耗,这是因为此同轴电缆的线芯很细,由导体电阻和传送电阻 50Ω 分压的结果。

　　扼流线圈 L_1 和 L_2 的电感 L,如果最低传送频率为 $f_{\min}$,则由

$$L \geqslant \frac{Z_0}{2\pi f_{\min}}$$

可计算得到电抗 X_L 为 1kΩ 左右。

　　前置放大器侧,受电缆的电阻、L_1、L_2 的电阻成分的影响,产生电压变动,所以可使用 3 端子调节器 IC 等使电压稳定化。

24　附加在接地线路上的噪声不能除去

　　即使如照片 4.8 所示的接地平面,在接地线路中也会混入噪声,此称之为共模噪声。此噪声很难除去,有在接地模型中加入缝隙进行处理的方法。

　　此时,在接地线路中的扼流线圈称为共模扼流线圈。放入共模扼流线圈实现电路间的分离,可得到良好的效果。为减少在接地间流过的电流（一般为噪声信号）,插入调节器,在电源线路中连接旁路电容。

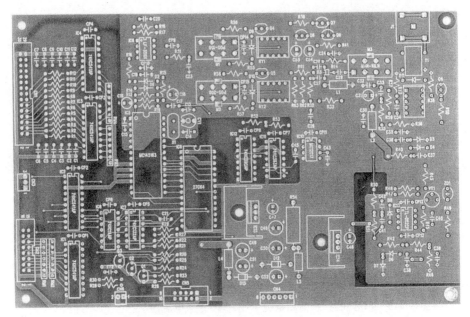

照片 4.8　粘贴接地面的印制电路板的一例

　　图 4.5 是除去重叠在供给电源中的共模噪声的电路。这里不期望它还能除去简正模噪声，所以附加了 π 形滤波器。

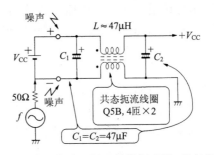

图 4.5　接地线路上插入共模扼流圈，分离接地

　　照片 4.9 是用 2 根铁氧体磁心(眼镜铁心，如照片 4.10)制作的共模扼流线圈的衰减特性。最坏可抑制在 −40dB 左右，这和简正模(在 ± 间注入信号)的特性，即在 50Ω 线路上的 C_1、C_2 相并联连接时的特性类似。

　　实际的衰减特性依赖于接地线路的阻抗，所以即使测定也没有意义。但是如果在接地线路中插入了扼流线圈，则能够得到相当好的效果。

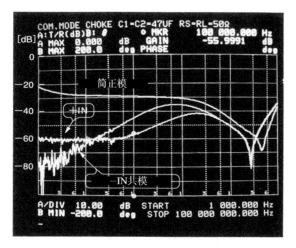

照片 **4.9**　自制的共模扼流圈的效果

($L=4.7\mu F, C_1=C_2=47\mu F, f=1k\sim100MHz, 10dB/div.$)

照片 **4.10**　用眼镜铁心制作的共模扼流圈的外观

（眼镜铁心的外形，特性例子参照图 9.17）

25　在电源线路中插入对称 π 形滤波器

　　在以除去简正模噪声为目的的滤波器中，如图 4.6 所示，会在各个线路中插入扼流线圈。通过电感 L_1 和 L_2，将电路侧（减少 C_2 中流过的电流）和电源输入进行高频波的分离。

　　特别是供给电源的配线较长，而且简正模噪声很多时可得到良好的效果。使用电感 L_1 和 L_2 决定额定电流时，要注意电路的最大电流。

　　实验中使用的电感为 TDK 的 TSL 系列（TSL1110-101K1R0）的 $100\mu H$ 类型，额定电流为 1A。

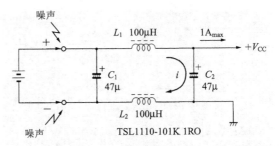

图 4.6 接地线路上插入扼流圈的对称 π 形滤波器的构成

　　照片 4.11 是用阻抗 50Ω 测定此实验电路时的衰减特性。由此可知,在正常方式下,$f=100\mathrm{k}\sim$ 数 MHz 处可得到大的衰减(标识点为 $-58\mathrm{dB}@100\mathrm{kHz}$),在共模方式下,数 MHz 处也有 40dB 以上的衰减。

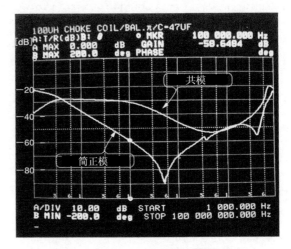

照片 4.11　图 4.6 中扼流线圈的效应
$(L_1=L_2=100\mu\mathrm{H},C_1=C_2=47\mu\mathrm{F},f=1\mathrm{k}\sim100\mathrm{MHz},10\mathrm{dB/div.})$

26　理解铁氧体磁珠的特性

　　提起高频噪声的对策元件,当然考虑到照片 4.12 所示的铁氧体磁珠。这种磁珠将高频波下损失电阻 R_S 很大的铁氧体材料(选定对应对策频率的磁心材料)和电路串联,或固定在配线上来衰减高频成分。

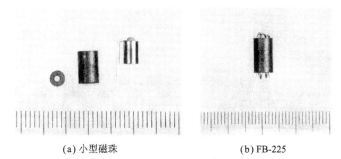

(a) 小型磁珠   (b) FB-225

照片 4.12 铁氧体磁珠

在电气特性上,用磁珠上通过 1 次铜线(通过多次时变为大的 R_S)时的电阻 R_S 和电抗 X_S 表示。

图 4.7 表示阿密顿(Amidon)公司的代表性产品的铁氧体磁珠的特性。(a)是 1 孔的 FB-801,(b)是多孔的 FB-225 的 R_S-X_S 特性。

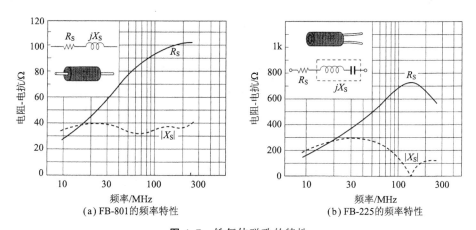

(a) FB-801的频率特性   (b) FB-225的频率特性

图 4.7 铁氧体磁珠的特性

铁氧体磁珠的等价电路用(R_S+jX_S)表示,阻抗$|Z|$为

$$|Z| = \sqrt{R_S^2 + X_S^2}$$

铁氧体磁珠属于既不是电阻也不是线圈的元件,这点可从其 R-X 特性上来理解。

使用方法基本上是对应高的频率信号时,串联电阻 R_S 变大,使电路衰减。主要的用途是防止宽带放大器的振荡,应用于电源线路滤波器等。

观察图 4.7 的特性可知,由于没有 $f=10\mathrm{MHz}$ 以下的数据,所以测定各个 $f=100\mathrm{kHz}\sim40\mathrm{MHz}$ 下的 R-X 特性,如照片

4.13。从此数据可知，FB-225（6 孔）相当于 FB-801 的约 10 倍的 R_S、X_S。如果串联多个 FB-801，可使 R_S 和 X_S 的值变大（与个数成比例）。

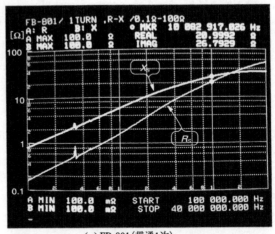

(a) FB-801（贯通 1 次）
的 R-X 特性

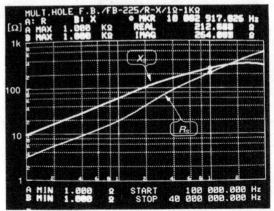

(b) FB-225（使用 6 孔）的 R-X 特性

照片 4.13　10MHz 以下的铁氧体磁珠的特性
（f＝100kHz～40MHz，标识点 10MHz）

为了看到铁氧体磁珠的滤波器的效果，研究在图 4.1 所示的 π 形滤波器电路中，$C_1＝C_2＝0.1\mu F$ 时的衰减特性，其结果表示在照片 4.14 中。

观察此实验的数据，可认为用铁氧体磁珠 FB-801（R_S、X_S 很小）时可衰减的频带狭小，和电路中放入旁路电容时无大的偏差。另一方面，由于 FB-225 的 6 个孔都通过了铜线，可得到较

大的 R_S、X_S,使衰减频带变宽,可作为某种程度的滤波器使用。
但是,照片 4.4 所示的 LC 滤波器(L 必须在数十 μF 以上),其
作为滤波器的特性很好。

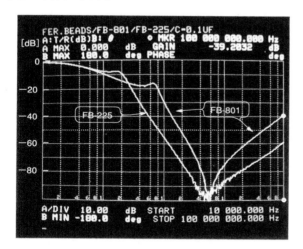

照片 4.14 由铁氧体磁珠构成的 π 形滤波器的特性
($C_1=C_2=0.1\mu F, f=10kHz\sim100MHz, 10dB/div.$)

第 5 章
LC 滤波器和匹配电路的特性及效果的实验

LC 电路作为滤波器的用途最多,但也经常使用于高频波的阻抗匹配上。这里,针对平常使用时不太注意的滤波器的阻抗匹配的影响等,用实验加以确认。

27　测定阻抗匹配的重要性···1 段 π 形滤波器

只有信号频率通过的滤波器,在以数字技术为主体的今天,是电子电路的天下。这里,在从音频到视频带的比较低的频率内,使用的 OP 放大器以有源滤波器为主流。

由于有源滤波器不必需阻抗匹配,所以多数段数具有很容易级联连接的特征。

一方面,作为数 MHz 以上频率使用的高频用滤波器,从古至今都使用 *LC* 方式的无源滤波器。但是,*LC* 滤波器在设计时必需预先决定特性阻抗 Z_0。当驱动侧的阻抗 R_S、终端(负载)电阻 R_L 不适合或者变化时,会对滤波器特性有影响。因此,可以说一般 *LC* 滤波器的设计都很难。

在各种 *LC* 滤波器中,测定预先假定的负载电阻 R_L 及负载断开/短路时的 *LC* 滤波器的输入阻抗 Z_{IN},研究滤波器的通频带内的波形和频带外的特性如何变化,加深对滤波器的理解。

图 5.1 表示基本的 *LC* 滤波器的模型。从其外形上看,称

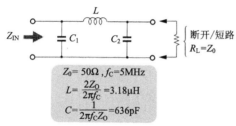

图 5.1　1 段 π 形低通滤波器的构成

之为 π 形低通滤波器。这个电路是使用了由线圈 L 和电容 C 组成的 3 个电抗元件的电路,衰减倾斜度为 $3 \times 6\mathrm{dB/oct}$,即 18 dB/oct。使用起来多以除去高频噪声等为目的。

计算电路常数时,首先决定特性阻抗 Z_0 和截断频率 f_C,然后算出 L 和 C 的值。在图 5.1 中,从

$$L = \frac{Z_0}{2\pi f_\mathrm{C}}$$

$$C = C_1 = C_2 = \frac{1}{2\pi f_\mathrm{C} Z_0}$$

可知,当 $Z_0 = 50\Omega$、$f_\mathrm{C} = 5\mathrm{MHz}$ 时,$L = 3.183\mu\mathrm{H}$、$C = 636\mathrm{pF}$。在这个实验里,取 $L = 3.3\mu\mathrm{H}$、$C = 620\mathrm{pF}$。

照片 5.1 是 1 段 π 形低通滤波器的衰减特性。截断频率 f_C 比设计值 5MHz 低,这是因为 $L = 3.3\mu\mathrm{H}$ 的缘故。照片上侧的曲线是 $R_\mathrm{L} = 1\mathrm{M}\Omega$ 时的特性,产生的通频带约 6dB,截断频率 f_C 附近产生约 3dB 的峰值。

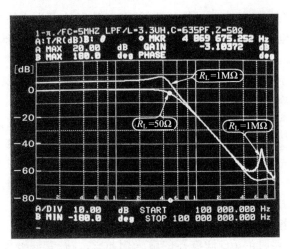

照片 5.1　1 段 π 形低通滤波器的减衰特性($f_C = 5\mathrm{MHz}$,$Z_0 = 50\Omega$,$R_\mathrm{L} = 50\Omega$ 及 $1\mathrm{M}\Omega$,$f = 100\mathrm{kHz} \sim 100\mathrm{MHz}$,10 dB/div.)

如果在这样的频率特性上,在具有峰值的滤波器上给予脉冲,则输出会产生过冲或振荡,因此要懂得阻抗匹配的重要性。

照片 5.2 是当滤波器的输出特性阻抗为 $Z_0 = R_\mathrm{L} = 50\Omega$ 终端时,对应输出断开($R_\mathrm{L} = \infty$)和输出短路($R_\mathrm{L} = 0$)时,各个输入阻抗 Z_IN 随频率特性如何变化的曲线图。

当 $Z_0 = R_\mathrm{L} = 50\Omega$ 时的输入阻抗,通频带为 51.6Ω,截断频率 f_C 附近产生若干个峰值,在 f_C 以上时又变成同一曲线。

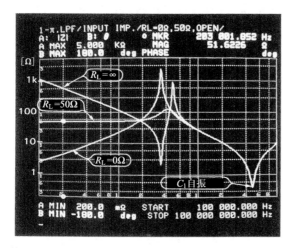

照片 5.2 1 段 π 形滤波器…随着负载阻抗 R_L 的变化而引起的输入阻抗的变化($R_L = 0$ 及 $\infty \Omega$，$f = 100k \sim 100MHz$)

当 $R_L = \infty$ 时，与频率成反比，输入阻抗 Z_{IN} 下降。可以看到在 $f \approx 3.5MHz$ 产生串联共振现象；$f \approx 5MHz$ 附近产生并联共振现象；f_C 以上频率时成反比。在 $f \approx 50MHz$ 处产生串联共振现象，但这是由电容的自己共振所引起的。

当 $R_L = 0\Omega$ 时，输入阻抗 Z_{IN} 与频率成比例上升，在 $f \approx 3.5MHz$ 产生并联共振现象，f_C 以上频率时变为同样的特性。

这样，根据负载的阻抗匹配状态，需注意输入阻抗变化最坏约在 $2\Omega \sim 2k\Omega$ 之间，变化了 1000 倍。由此可知，特别是输出断开时，驱动侧的功率输出设备很容易破损。

28 2 段 π 形低通滤波器的特性

图 5.2 是 2 段 π 形低通滤波器的例子。可以说是衰减倾斜度为 30dB/oct 的实用的滤波器。当 $Z_0 = 50\Omega$、$f_C = 5MHz$ 时，各常数的计算如下所示：

$$L_1 = L_2 = \frac{1.618 Z_0}{2\pi f_C} = 2.575 \ (\mu H)$$

$$C_1 = C_3 = \frac{0.618}{2\pi f_C Z_0} = 393.4 \ (pF)$$

$$C_2 = \frac{2}{2\pi f_C Z_0} = 1273 \ (pF)$$

即 1.618 等的常数根据《电子滤波器电路设计手册》上的 *LC* 滤波器正规化常数设计。

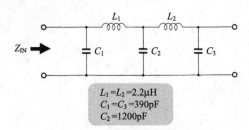

$L_1=L_2=2.2\mu H$
$C_1=C_3=390pF$
$C_2=1200pF$

图 5.2 2 段 π 形低通滤波器的构成

由以上的计算,将 $L=2.57\mu H$ 取为 $2.2\mu H$,$C_1=C_3=393pF$ 取为 $390pF$,$C_2=1273pF$ 取为 $1200pF$ 进行实验。

照片 5.3 是滤波器的衰减特性。截断频率 f_C 比 5MHz 高是因为 $L=2.2\mu H$(比设计值小)的缘故。

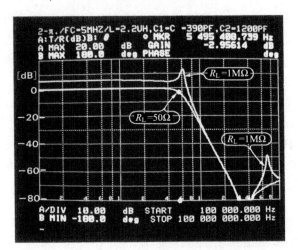

照片 5.3 2 段 π 形低通滤波器的衰减特性
($f_C=5MHz,Z_0=50\Omega,R_L=50\Omega$ 及 $1M\Omega$,
$f=100k\sim100MHz,10dB/div.$)

照片上侧的曲线是当负载阻抗 $R_L=1M\Omega$ 时,在 f_C 附近产生了大的峰值。和照片 5.1 的 1 段滤波器相比,要注意其尖锐的特性。

照片 5.4 是改变终端条件时的输入阻抗 Z_{IN} 的频率特性。它表示了和 1 段 π 形滤波器相类似的特性,串联共振及并联共振现象处的 2 点差别很大。

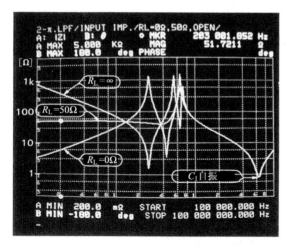

照片 5.4　2 段 π 形滤波器…随着负载电阻 R_L 的变化而引起的输入阻抗的变化($R_L=0$ 及 $\infty\,\Omega,f=100\mathrm{k}\sim100\mathrm{MHz}$)

当 $Z_0=R_L=50\Omega$ 时,截断频率 f_c 附近产生大的峰值,很难看到波形的重复,最大约 $1\mathrm{k}\Omega@6.5\mathrm{MHz}$。

29　3 段 π 形低通滤波器的特性

在 LC 滤波器中,如图 5.3 所示,为改善衰减特性,可追加称为衰减极的新的极点。图 5.4 在 3 段 π 形上,附加衰减极(L_2,C_5 及 L_3,C_6 的并联共振)的滤波器,也是笔者经常作为噪声测定所使用的。

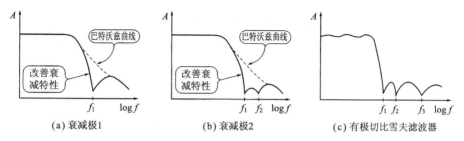

图 5.3　设计衰减极的低通滤波器的特性

这个电路的设计称为定 K 型,通频带 5 MHz、$Z_0=50\Omega$ 时,

$$L=\frac{Z_0}{2\pi f}=1.592\mu\mathrm{H},$$

$$C_1 = C_4 = \frac{1}{2\pi f Z_0} = 636.6 \text{pF},$$

$$C_2 = C_3 = 2C_1 = 1273 \text{pF}$$

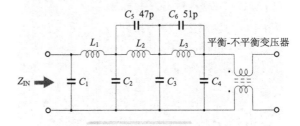

图 5.4 3 段 π 形低通滤波器的构成（附有衰减极）

实验中取为常用的常数。

衰减极用并联的 C_5、C_6 设定频率，这里需一边观察衰减特性一边决定。注意不是切比雪夫滤波器。

输出侧的接地线路上，以加大重叠的高频噪声对策及测定器的输入输出间的隔离为目的，插入高频共模扼流圈，即平衡-不平衡变压器。

照片 5.5 是在负载 $R_L = 50\Omega$ 及 $R_L = 1M\Omega$ 时的衰减特性。由于是 3 段 π 形，所以尖锐处有衰减。在 $R_L = 1M\Omega$ 处没有大的峰值，特征为波浪形，但频带外的高频区域衰减特性变差，这是由于高阻抗所致。

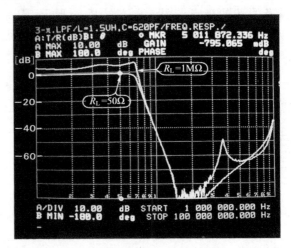

照片 5.5 3 段 π 形低通滤波器的衰减特性（$f_C = 5$MHz，
$Z_0 = 50\Omega$，$R_L = 50\Omega$ 及 $1M\Omega$，$f = 1M \sim 100$MHz，10dB/div.）

　　照片 5.6 是改变终端条件时的输入阻抗 Z_{IN} 的频率特性。当 $Z_0 = 50\Omega$ 时,输入阻抗在 $f = 2MHz$ 附近有下降的倾向。这以上的通频带有若干波动,所以不能说是正确设计、制作的滤波器。但可作为除去高频噪声的滤波器进行充分地利用。

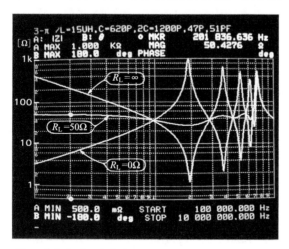

照片 5.6　3段 π 形滤波器···由负载电阻 R_L 的变化而引起的输入阻抗的变化
($R_L = 0$ 及 $\infty\Omega$, $f = 100k \sim 100MHz$)

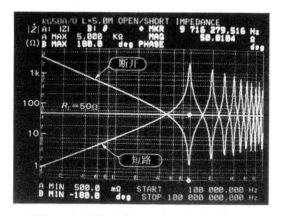

照片 5.7　同轴电缆断开/短路时的阻抗特性
(RG-58-A/U,电缆长 $= 5m$, $f = 100k \sim 100MHz$)

　　在这里的测定中,很容易看到照片上频率范围在 $100k \sim 10MHz$,注意串联共振、并联共振现象各重复了 3 次。观察此特性,由于串并联共振的次数很多,所以注意其类似于同轴电缆的特性。

照片 5.7 表示了测定实际的同轴电缆的断开/短路时的阻抗的例子。它表示了断开时,在缆长比相当于 λ/4 的共振频率低的频率处,产生大的阻抗的现象。

30 测定用视频滤波器的特性

图 5.5 是英国某公司的视频用低通滤波器的内部电路。在 3 段有极切比雪夫低通滤波器上附加相位平衡器,预备补偿群延迟特性的测定用滤波器。

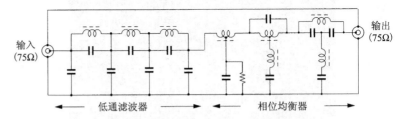

图 5.5 测定用视频滤波器的构成(HFM531B 的内部电路)

所使用的电容全部是固定电容,线圈 L 全部使用可变的电感器,这样设计时可进行细小的调整。

照片 5.8 是当此滤波器(HFM531B)的输出用 $R_L = 75\Omega$ 为终端时的衰减特性。由此图可知,频带外的衰减量为 -50dB,衰减极为 3 处,具有急剧的衰减特性。

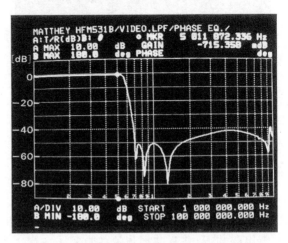

照片 5.8 视频滤波器 HFM531B 的衰减特性
$(Z_0 = 75\Omega, R_L = 75\Omega, f = 1\text{M} \sim 100\text{MHz}, 10\text{dB/div.})$

照片 5.9 是测定改变终端条件时的输入阻抗 Z_{IN} 的频率特性的波形图。在通频带内,串/并联共振现象重复了 6 次。

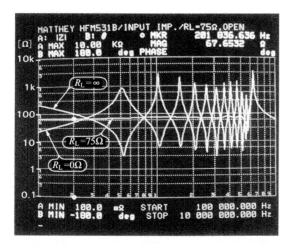

照片 5.9 视频滤波器···由负载电阻 R_L 的变化而引起的输入阻抗的变化($R_L=0$ 及 $\infty\,\Omega$, $f=100\text{k}\sim100\text{MHz}$)

在 $Z_0=R_L=75\Omega$, $f=200\text{kHz}$ 处,虽然和 67.6Ω 有误差,但其平坦性变得很好。

31 由 LC 组成的阻抗匹配电路

耦合不同阻抗系统的电路时,需使用阻抗匹配电路。图 5.6(a)是在 $R_S<R_L$,即高频用放大器等的输出(内部)阻抗 R_S 比负载阻抗 R_L 低的情况下被使用的,图(b)是使用于其相反场合的电路。

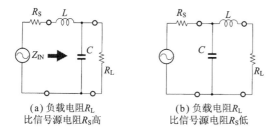

(a) 负载电阻 R_L　　　　　(b) 负载电阻 R_L
　　比信号源电阻 R_S 高　　　　比信号源电阻 R_S 低

图 5.6 LC 阻抗匹配电路的构成

使用 LC 的电路一般电源电压很低,所以负载电阻高时,用图 (a)所示的电路,变换阻抗就可得到大的输出电压。另外,加大

LC 电路的 Q, 也能得到很大的升压比。

在图 5.6 中, $f_0 = 30\text{kHz}$、$Q = 10$、$RL = 5\text{k}\Omega$, C 值为:

$$C = \frac{Q}{2\pi f_0 R_\text{L}} \approx 0.01\ (\mu\text{F})$$

因此用于共振的电感 L 为:

$$L = \frac{1}{\omega^2 C} \approx 2.81\ (\text{mH})$$

照片 5.10 是 $L = 2.98\text{mH}$、$C = 0.01\mu\text{F}$ 时, 负载电阻 R_L 为 100Ω、470Ω、1kΩ、2.2kΩ、4.7kΩ、10kΩ 及断开时的输入阻抗特性。

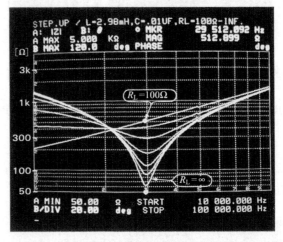

照片 5.10 阻抗匹配电路…由负载电阻 R_L 变化而引起的输入阻抗的变化($f_0 = 30\text{kHz}$, $L = 2.98\text{mH}$, $C = 0.01\mu\text{F}$, $R_\text{L} = 100\Omega \sim \infty$, $f = 10\text{k} \sim 100\text{kHz}$)

由于负载电阻 R_L 变化, 电路的 Q($Q = \sqrt{(R_\text{L}/R_\text{S}) - 1}$)值也变动很大, 输入阻抗 Z_IN 与 $(1 + Q^2)$ 成比例变小。因此, 负载断开时成为最小的输入阻抗, 所以要十分注意驱动侧的功率输出设备的驱动能力(或安全动作领域…ASO)。

照片 5.11 是使负载电阻 R_L 变化时的电路增益的频率特性。当电阻 R_L 的值大时, 电路的 Q 也变大, 使其向更高的阻抗升高变成可能。

这里所示的 *LC* 电路的计算, 忽视了线圈和电容自身的 Q 值。

现实中的线圈因不能得到大的 Q 值会产生误差, 但由于用照片观察特性的倾向, 所以可使负载电阻 R_L 进行适当的阶跃变化。

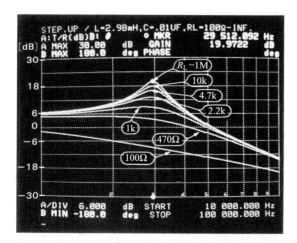

照片 5.11 阻抗匹配电路的频率特性(信号源非终端
（＋6dB）,$f=10$k～100kHz,$R_L=100\Omega$～1MΩ,6dB/div.）

32 π形阻抗匹配电路

图 5.7 是大家所熟知的作为高频阻抗匹配电路的 π 形匹配
电路。通过改变可变电容 C_1 和 C_2 的容量比,能够从 $R_S < R_L$
到 $R_S > R_L$ 进行自由匹配。另外,由于具有低通滤波器的构成,
还具有除去高频波的能力。

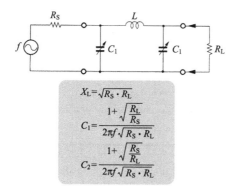

$$X_L = \sqrt{R_S \cdot R_L}$$

$$C_1 = \frac{1 + \sqrt{\dfrac{R_L}{R_S}}}{2\pi f \sqrt{R_S \cdot R_L}}$$

$$C_2 = \frac{1 + \sqrt{\dfrac{R_S}{R_L}}}{2\pi f \sqrt{R_S \cdot R_L}}$$

图 5.7 π形阻抗匹配电路的构成

举一个例子,如果要求 $f_0 = 5$ MHz、$R_S = 50\Omega$、$R_L = 1$kΩ 时
的各个常数,则

$$L=\frac{X_{\mathrm{L}}}{2\pi f_0}=\frac{223}{2\pi f_0}=7.1\ (\mu\mathrm{H})$$

$$C_1=\frac{1+\sqrt{20}}{2\pi f_0\times 223}=781\ (\mathrm{pF})$$

$$C_2=\frac{1+\sqrt{0.05}}{2\pi f_0\times 223}=174\ (\mathrm{pF})$$

照片 5.12 是 $L=7\mu\mathrm{H}$、$C_1=750\mathrm{pF}$、$C_2=170\mathrm{pF}$ 时的输入阻抗–频率特性。该特性在负载短路时和断开时有很大的不同。这和先前阐述的 π 形滤波器相同,断开时表示串联共振现象,阻抗下降到 1Ω 左右。

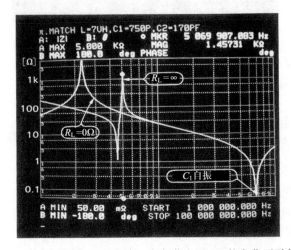

照片 5.12 π 形阻抗匹配电路…由负载电阻 R_{L} 的变化而引起的输入阻抗的变化($f_0=5\mathrm{MHz}$,$R_{\mathrm{L}}=0$ 及 ∞,$f=1\mathrm{M}\sim100\mathrm{MHz}$)

照片 5.13 是扩大测定共振频率附近的波形。在 $R_{\mathrm{L}}=1\mathrm{k}\Omega$ 处变成宽频带的特性。

照片 5.14 不是测定输入阻抗 Z_{IN},而是测定 $R\pm\mathrm{j}X$ 中的阻抗 R 成分。

在 $R_{\mathrm{L}}=\infty$ 时 R 成分很大,不能向负载送入电力。另外,在 $R_{\mathrm{L}}=0$ 时 R 成分在 1Ω 以下(Z 中几乎都是电抗成分),仍然会产生不匹配。在 $R_{\mathrm{L}}=1\mathrm{k}\Omega$ 处,即被认为 f_0 的频率处,约 62Ω(计算值为 50Ω),即使频率变化很大也不会产生大幅的变化。

π 形匹配电路由于是阻抗匹配电路,所以其特征是可进行从 $+\mathrm{j}X$(电感性)到 $-\mathrm{j}X$(电容性)的匹配。线圈 L 使用抽头式可变电感器,电容 C_1、C_2 使用空气可变电容。

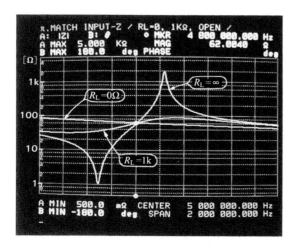

照片 5.13 π形阻抗匹配电路···由负载电阻 R_L 变化而引起的输入阻抗
的变化($f_0=5\mathrm{MHz},R_L=0$ 及 ∞,$f=4\mathrm{M}\sim6\mathrm{MHz}$,线性跨度)

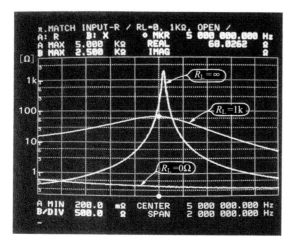

照片 5.14 π形阻抗匹配电路的输入电阻 R 的变化
($f_0=5\mathrm{MHz},R_L=0$ 及 ∞,$f=4\mathrm{M}\sim6\mathrm{MHz}$,线性跨度)

第 6 章
自作并充分理解使用环形铁心的电路的实验

在本章中,对于比较容易自作的线圈/变压器,介绍使用了环形铁心的电路。在高频电路中使用较多的环形铁心,在去除噪声等方面,数字电路、低频电路中都是有效的元件。

33 制作环形铁心

在今天要求小型、轻量、薄型化的电子设备中,如果可能最好不使用电感器,但现实中并不是这样的。

相反,如果使用电感器(变压器),却存在很多实现了具有简单特征的电路的例子。我们通过一边自作环形铁心,一边实验各种各样的例子,介绍其动作的结构、特性等。

照片 6.1 是有代表性的环形铁心的一例。

照片 6.1 代表性的环形铁心示例

环形铁心绕线最重要,数十匝以下的绕线数很少时的自作是很容易的。铁心大小和材质,需考虑信号电力、通频带范围进行选定。表 6.1 是有代表性的铁心阿密顿公司的 FT(环形铁心）系列。阿密顿公司是美国的有代表性金属铁心厂商，在日本秋叶原的处理高频关联元件的店内可以买到。

表 6.1 阿密顿公司 FT 系列的环形铁心的特性

(a) 外型

名称＼尺寸	外形 (m/m)	内径 (m/m)	高 (m/m)	实际截面积 Ae (cm²)	实际磁路长 Ie (cm)	实际体积 Ve (cm²)	表面积 As (cm²)	内孔面积 Aa (cm²)
FT-23	5.84	3.05	1.52	0.0213	1.34	0.0287	0.81	0.073
FT-37	9.53	4.75	3.17	0.0716	2.75	0.1630	2.49	0.177
FT-50	12.70	7.14	4.77	0.1330	3.02	0.4010	4.71	0.400
FT-82	20.95	13.21	6.35	0.2458	5.25	1.2900	10.91	1.368
FT-114	29.00	19.00	7.49	0.3750	7.42	2.7900	18.84	2.830

(b) 材料特性表

特性＼材料	推荐频率范围	初透磁率	最大透磁率	饱和磁通密度	残留磁通密度	居里温度	初透磁率温度系数	损失系数	保磁率
#63	15-25	40	125	1850	750	450	0.1	110×10^{-6} 2.5MHz	2.40
#61	0.1-10	125	450	2350	1200	350	0.15	32×10^{-6} 2.5MHz	1.60
#43	0.01-1	850	3000	2750	1200	130	1.00	120×10^{-6} 1.0MHz	0.30
#72	0.001-1	2000	3500	3500	1500	150	0.60	7×10^{-6} 0.1MHz	0.18
#75	0.001-1	5000	8000	3900	1250	160	0.90	5×10^{-6} 0.1MHz	0.16
单位（条件）	MHz	$\mu_i = B/H$	$\mu_{max} = \dfrac{B_{max}}{H}$	高斯 $H=13$ 奥斯特	高斯	°C	%°C (20°C~70°C)	$\tan\delta/\mu_i$	奥斯特

(c) 每1000匝线圈的电感与匝数的计算公式

名称＼材料	#63	#61	#43	#72	#75
FT-23	7.9	24.8	188.0	396.0	990.0
FT-37	17.7	55.3	420.0	884.0	2210.0
FT-50	22.0	68.0	523.0	1100.0	2750.0
FT-82	22.4	79.3	557.0	1268.0	2930.0
FT-114	25.4	101.0	603.0	1610.0	3170.0

$$匝数 = 1000\sqrt{\frac{希望电感(mH)}{每1000匝的电感(mH)}}$$

使用上式可求得期望电感与线圈的匝数。

色散±20%

线圈的绕法很简单，只是将铜线绕到铁心上即可。要想使线圈的耦合良好，将 2 根铜线同时缠绕的双线绕法比较常见，如图 6.1 所示，就是将 2 根铜线进行对绕。

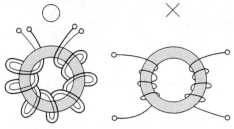

(a) 双绕线的正确绕法　　(b) 漏电感大的绕法

图 6.1 环形铁心的绕线方法

在传输阻抗（50Ω 等）很低的电路中,将 2 根铜线预先捻合再绕线为佳。

磁通应贯通全部铁心,如图 6.1(b)所示,各个线圈绕成其他形式时,漏电感会变大,损失增加。

步骤上,在对应预先绕数的长度上切断线材,而且,绕线首端用粘合剂固定后开始,到末端将线间绕均再粘结固定。照片 6.2 表示双线绕法和 3 线绕法的环形变压器的例子。

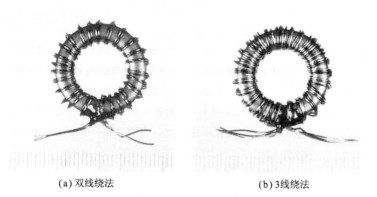

(a) 双线绕法　　　　　　　(b) 3 线绕法

照片 6.2　缠绕后的环形铁心

34　由环形铁心组成的 1：1 变压器的动作

最初实验选用的铁心是阿密顿公司的 FT-82-75($\mu_i \approx 5000$)和 FT-82-43($\mu_i \approx 850$)。使用这些铁心,试作环形变压器。

图 6.2 表示由变压器的匝数比决定的电压比和阻抗比。虽然变压器不能得到电力增益,但通过改变匝数比,是实现电压的升压、降压和阻抗变换的便利的元件。

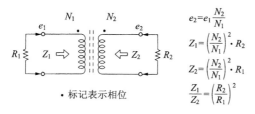

$$e_2 = e_1 \frac{N_2}{N_1}$$

$$Z_1 = \left(\frac{N_2}{N_1}\right)^2 \cdot R_2$$

$$Z_2 = \left(\frac{N_2}{N_1}\right)^2 \cdot R_1$$

$$\frac{Z_1}{Z_2} = \left(\frac{R_2}{R_1}\right)^2$$

· 标记表示相位

图 6.2　变压器的匝数比和阻抗的关系

2 次侧的电压 e_2，单纯地由变压器的匝数比 N_2/N_1 决定。另外，其他地方以规定电阻 R_1、R_2 为终端时的阻抗和终端阻抗及匝数比的乘积成比例。顺便说一句，低频用变压器用 $\times\times\Omega$：$\times\times\times\Omega$ 表记，但这没有太大意义。

匝数比为 1∶1 的变压器，电压和阻抗相同，但应用时要注意 1 次和 2 次的绝缘点，晶闸管等的门触发用脉冲变压器等多被使用。

照片 6.3 是在 FT-82-43 上，绕上 $\phi0.37$ 的聚氨基甲酸乙酯线 25T×2，双线绕法时的增益和相位的频率特性。在 100k～10MHz 的频率范围内为平坦的特性。

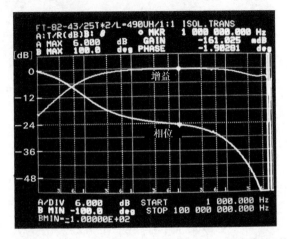

照片 6.3 制作的 1∶1 变压器（FT-82-43，25T×2，双线绕法）的频率-相位特性（$Z=50\Omega$，$f=1$k～100MHz，60dB/div.，相位：$20°$/div.）

低频特性由线圈的电感 L 决定，但用大电感制作时高频特性会恶化。顺便提一下，在 FT-82-43 的铁心上缠绕 25T 可得到约 490μH/@1kHz 的电感，但如果终端阻抗 Z 为 50Ω，则此时的低频截断频率 f_C 为：

$$f_C=\frac{Z}{2\pi L}=\frac{50}{2\pi\times490\times10^{-6}}=16.24\ (\text{kHz})$$

35 共模扼流圈…平衡-不平衡变压器的活用

如果改变双线绕法的 1∶1 变压器的连接，会变为在平衡-不平衡变压器、噪声对策电路中经常使用的共模扼流圈。图 6.3 表示平衡-不平衡变压器的共模扼流圈的动作。

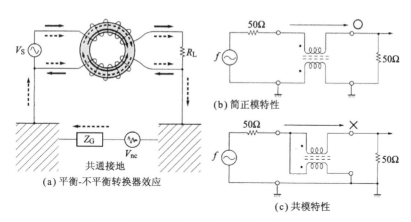

(a) 平衡-不平衡转换器效应

(b) 简正模特性

(c) 共模特性

图 6.3 共模扼流圈＝平衡-不平衡转换器的动作

在图中,如果由信号 V_S 形成的简正模电流流过平衡-不平衡变压器的 2 根绕线时,在铁心中生成的磁通(图中为虚线)大小相同,可相互抵消。即简正模电流不产生磁通。不产生磁通,意味着不生成电感,信号不衰减就可向负载电阻传播。对于信号频率 f,从直流到高频带都具有平坦的传输特性。

一方面,V_{nC} 是共模噪声。由共模噪声引起的电流在图中用虚线表示,当共模电流流过两根绕线时,由于铁心上产生的磁通在相同的方向上生成,因此会产生电感。即共模扼流圈对于共模噪声会产生电感,减少噪声电流,所以应该除去共模噪声。

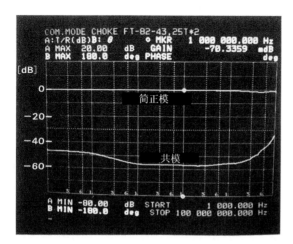

照片 6.4 平衡-不平衡变压器…共模扼流圈(FT-82-43,25T×2,双线绕法)的传送特性(Z＝50Ω,f＝1k～100MHz,10dB/div.)

照片 6.4 是平衡-不平衡变压器连接成简正模及共模时的传输频率特性。注意观察共模衰减特性。

作为共模扼流圈效果的使用方法的例子,针对跟踪发生器内置的频谱分析器、增益相位分析器的接地分离,进行实验。

测定高频用滤波器等的高频波的衰减特性时,如果在测定电路中经过输入输出用的同轴电路进行连接,会出现接地线路中流过信号电流,隔离特性变差的情况,且高频波频率越高,现象越显著。

图 6.4 表示由增益相位分析器 HP-4194A 组成的测定电路的例子。测定的结果如照片 6.5 所示,即使测定用同轴电缆的输入输出端短路,如果连接各个接地(很多被测定电路都公用接地),与信号电流 i 的频率成比例地隔离特性也会变得恶化。所以这种接地状态下的真正的测定变得很难。

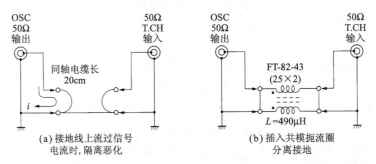

(a) 接地线上流过信号　　　　(b) 插入共模扼流圈
电流时,隔离恶化　　　　　　　分离接地

图 6.4 由增益相位分析器 HP-4194A 测定,以改善隔离为目的,使用共模扼流圈

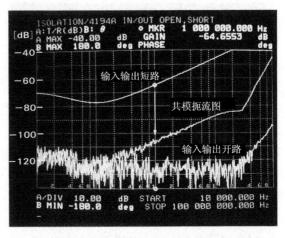

照片 6.5 由增益相位分析器的测定电缆而引起的隔离恶化和共模扼流圈的效果($f=1\text{k}\sim100\text{MHz},10\text{dB/div.}$)

　　因此,如图 6.4(b)所示,为分离输入输出间的接地,插入共模扼流圈(平衡–不平衡变压器),就可使测试输入侧的泄漏减少。

　　此照片中输入输出断开时的特性是 HP-4194A 的本来特性,测定器内部的隔离良好,但如果连接长度 20cm 的同轴电缆,即使输入输出短路,在 $f = 1\text{MHz}$ 处,也会恶化到 64dB。如果正确地制作测定器具,特性应更能被改善。

　　插入共模扼流圈时的曲线,是在输入输出间放入 $L = 490\mu\text{H}$ 的平衡–不平衡变压器时的特性。在 $f = 1\text{MHz}$ 处,约被改善为 105dB 的隔离特性。

　　除去在高频波、高速脉冲电路中重叠接地的噪声时,务必要插入平衡–不平衡用变压器。此平衡–不平衡变压器无论插入到输入输出的哪一方,都会有效果,但一般插入到振荡器的输出侧。

36　平衡–不平衡变压器应用于平衡输出变压器

　　在高频电路中以防止 S/N 劣化为目的,经常使用平衡输出(同相、反相)电路。这种平衡输出电路当然用半导体电路也可实现,但如果考虑输出波形的对称性,使用平衡–不平衡变压器比较简单。

　　图 6.5 是将平衡–不平衡变压器的输出端,分别用 $R/2$ 的电阻接在终端(从 1 次侧看为 R)。这样,得到了相位被翻转 $180°$ 的输出,所以在高频推挽放大器输入电路中经常被利用。

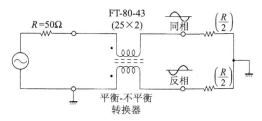

图 6.5　使用平衡–不平衡变压器的宽带平衡输出电路

　　照片 6.6 是各个输出用用 $R/2$ 作终端时的输出波形。观察照片(a)可知,平衡输出的对称性良好(频率为 $f = 5\ \text{MHz}$),但照片(b)可知表示变化的特性情况。

照片(b)是 $f=10\text{kHz}$ 处输入方波脉冲时的输出波形。在反相(翻转)输出侧上产生下垂(波形的垂下),正常(非翻转)输出侧(照片上部)表示可认为低频上升的脉冲响应。下垂是脉冲变压器等的低频特性变坏而产生的,由于是变压器的电感引起,所以不可避免。

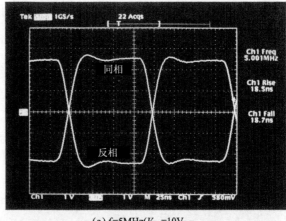

(a) $f=5\text{MHz}(V_{\text{IN}}=10V_{\text{P-P}}$, $R=50\Omega$, 1V/div., 25ns/div.)

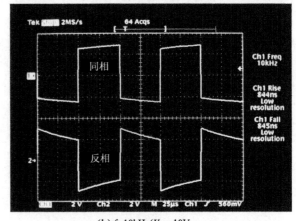

(b) $f=10\text{kHz}(V_{\text{IN}}=10V_{\text{P-P}}$, $R=50\Omega$, 1V/div., 25ns/div.)

照片 6.6 图 6.5 中 $R/2=25\Omega$ 为终端时的脉冲响应 波形(FT-82-43,25T×2,双线绕法)

这里实验用的平衡-不平衡变压器是作为可手持的测定用器具而制作的,如果测定其低频特性,如照片 6.7 所示的结果。反相输出表示了对应变压器电感(FT-82-75, $L=1.8\text{mH}$)的衰减特性。正常输出时上升+6dB$_{\text{max}}$,从数 kHz 开始特性发生变化。

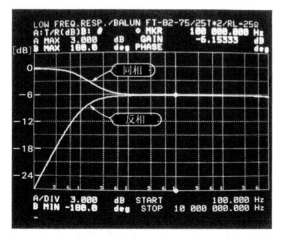

照片 6.7　图 6.5 中以 $R/2＝25\Omega$ 为终端时的低频特性
（FT-82-43,25T×2,双线绕法）（$f＝100\mathrm{Hz}\sim10\mathrm{MHz}$,3dB/div.）

★ 环形铁心和噪声对策

　　环形铁心如本文所述,其特点是只要购买铁心都可比较简单地制作完成。因此,从古到今在一些正规的业余无线者的世界里被广泛地利用。

　　随着电路的高速化、高频化,与噪声、EMI 相关的故障变得越来越多,但对于业余无线者说,却意外地成为了其擅长的技能。

37　由 3 绕线变压器组成的平衡输出电路

　　由 3 绕线变压器组成的平衡输出变压器从古至今一直被使用。图 6.6 表示了 3 绕线的平衡输出变压器的构成。用此种绕线方法,可通过适当选择匝数比,实现兼顾阻抗变换动作的变压器。

　　另外,如果匝数比限定为 1：2（阻抗比为 1：4）,如图 6.6(b)所示,将 3 根铜线绕在一起的 3 绕线变压器很容易制作,且平衡度很好。

　　这样的变压器由于阻抗比为 1：4,当从 1 次侧看的值为 50Ω 时,终端电阻 R_L 变为 200Ω。各个输出和接地间有负载时,分别用 100Ω 作终端。

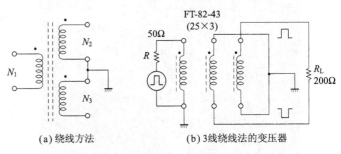

(a) 绕线方法   (b) 3 线绕线法的变压器

图 6.6   由 3 线绕法组成的平衡输出电路

照片 6.8 是当 $R_L = 200\Omega$ 作终端时,用高阻抗探头观测的特性。输出波形的对称性很好,没有用平衡-不平衡变压器时的低频特性的不平衡性。

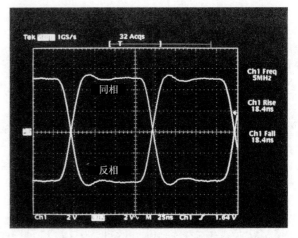

照片 6.8   图 6.7(b) 中以 $R_L = 200\Omega$ 为终端时的脉冲响应波形 (FT-82-43, 25T×3, 3 线绕法 [$f = 5\text{MHz}(V_{IN} = 20V_{P-P}, R = 50\Omega, 2V/\text{div.}, 25\text{ns/div.})$])

3 绕线变压器的 2 次侧两端为 1∶2 的变压器,所以能够使输入电压升高(电压增益 6dB)。可应用于需要比电源电压大的输出振幅的场合。

照片 6.9 是连接 1∶2 升压时的频率特性。由于负载不平衡,所以不管哪个输出端接地,都要注意高频特性的变化(正常为正相,翻转为反相连接)。

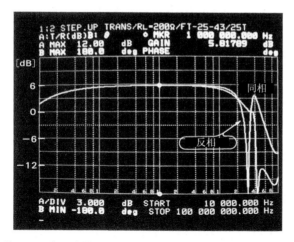

照片 6.9　将 3 线绕法的变压器连接成升压变压器时的频率
特性($R_L = 200\Omega, f = 10\text{kHz} \sim 100\text{MHz}, 3\text{dB/div.}$)

38　由单绕线变压器组成的 $50\Omega/75\Omega$ 的阻抗变换电路

高频用测定器的输入输出阻抗一般为 50Ω。由于映像关系
为 75Ω，所以用 50Ω 系列的测定器测试阻抗 75Ω 的电路时，如
果有无电压损失的阻抗变换器就相当的便利。

图 6.7 是由单绕线变压器组成的阻抗变换电路的构成。直
流信号不能传送，但可设计任意的匝数比，所以能够对应各种各
样的阻抗。照片 6.10 表示用环形铁心制作的阻抗变换器的外
观。

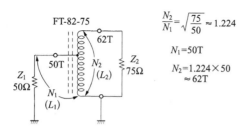

图 6.7　$50\Omega/75\Omega$ 阻抗变换电路

这里，针对 $50\Omega/75\Omega$ 的阻抗变换器进行介绍并实验。
首先，进行匝数比的计算。匝数比的计算由阻抗比的平方根

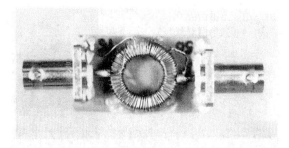

照片 6.10 制作的阻抗变换电路的外观

决定。如 N_1 取适当的匝数,则

$$N_2 = \sqrt{\frac{75}{50}} \approx 1.224 \text{ 倍}$$

如果想延伸低频特性,可尽量选择初透磁率 μ_i 大的环形铁心,这里使用 FT-82-75 的铁心。这种铁心的初透磁率 μ_i 为 5000,是透磁率最高的铁心(参照表 6.1)。当 $N_1 = 50$ 匝时,得到 $L_1 \approx 8.5 \text{mH}, L_2 \approx 13 \text{mH}$。

照片 6.11 是测定 50Ω 或 75Ω 作终端时的输入阻抗–频率特性的波形。由 50Ω→75Ω 变换时,N_2 侧为 75Ω 的终端阻抗,由 75Ω→50Ω 变换时,输入输出相反,N_1 侧以 50Ω 为终端进行测定。

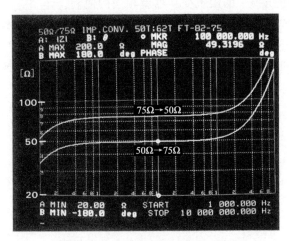

照片 6.11 制作的电路输入阻抗–频率特性(上面为 75Ω→50Ω,下面为 50Ω→75Ω,f=1kHz～10MHz)

低频时的阻抗下降,这是由于线圈的电抗($X_L = 2\pi f_L$)变低的缘故。相反地,表示的在数 MHz 处的上升曲线,可认为是由泄露电感和浮游电容组成的并联共振所引起的。

照片 6.12 表示 $50\Omega \rightarrow 75\Omega$ 变换连接时的频率-相位特性。低频的衰减特性由线圈的电感引起,实际上从所需频带上决定了匝数。

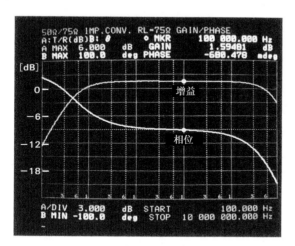

照片 6.12 $50\Omega \rightarrow 75\Omega$ 变换时的增益-相位特性

($f = 100\text{Hz} \sim 10\text{MHz}, 3\text{dB/div.}, 20°/\text{div.}$)

39 使用平衡-不平衡变压器的 4：1(1：4)的阻抗变换电路

图 6.8 是使用 FT-82-43 的双线绕法的变压器,即所使用平衡-不平衡变压器 1：4(或者输入输出相反为 4：1)的阻抗变换电路。这里图(a)是仅能在接地线路公用的电路中使用。

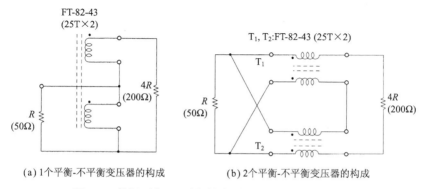

(a) 1个平衡-不平衡变压器的构成   (b) 2个平衡-不平衡变压器的构成

图 6.8 使用平衡-不平衡转换器的 1：4 阻抗变换电路

图 6.8(b)是使用了 2 个相同特性的平衡-不平衡变压器。这样,使接地线路交流分离,所以在如图 6.9 所示的高频放大器的平衡输出电路中被利用。

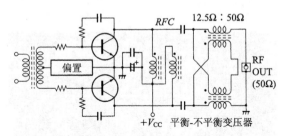

图 6.9 阻抗变换电路的平衡输出电路的应用

4∶1 的阻抗变换电路作为输入阻抗低的高频功率晶体管、FET 的输入匹配电路经常被使用。

照片 6.13 是在图 6.8(a)的电路中,研究 1∶4 连接($4R=200\Omega$,下方的曲线)和 4∶1 连接时的输入阻抗-频率特性。

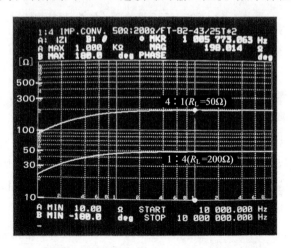

照片 6.13 1 个平衡-不平衡变压器的阻抗变换电路的阻抗-频率特性
($f=10\mathrm{k}\sim10\mathrm{MHz}$,上面 4∶1 连接,下面为 1∶4 连接)

低频部分阻抗的下降是由于线圈的电感小的缘故。这里,所使用的铁心的电感为 $490\mu\mathrm{H}$。如果使用铁心的初透磁率 μ_i 大或者匝数多的电感,能够进行改善。

照片 6.14 是在图 6.8(b)的电路中,1∶4 连接($4R=200\Omega$)时的曲线(下方)和 4∶1 连接(上方)时的输入阻抗-频率特性。使用 2 个平衡-不平衡变压器提高了成本,但低频特性变好,接地浮动,所以即使作为平衡-不平衡变换电路兼用也可。

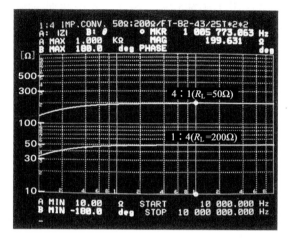

照片 **6.14**　2个平衡-不平衡变压器的阻抗变换电路的阻抗-频率特性
（f=10k～10MHz,上面为4：1连接,下面为1：4连接）

40　由3绕线变压器组成的1：9(9：1)的阻抗变换电路

图6.10是使用3绕线变压器1：9(输入输出反接时为9：1)及4：9的阻抗变换电路的构成。无论哪个电路接地线路都是公用的。

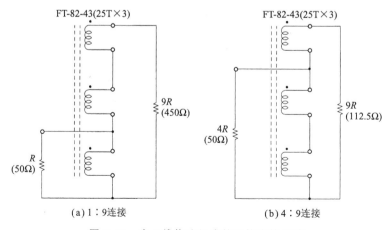

图 **6.10**　由3线绕法组成的阻抗变换电路

这里如果使用 9：1 连接的阻抗变换电路,例如将 50Ω 变换成 5.55Ω,将应用于驱动输入电容 C_{iss} 大的功率 MOSFET 等。其中一例如图 6.11 所示,功率 MOSFET 与泄漏损失的大小成比例,输入电容有变大的倾向,所以用低阻抗驱动变得很重要。

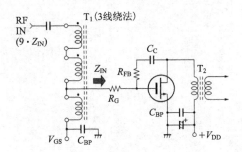

图 6.11　功率 MOSFET 的驱动,使用 9：1 的阻抗变换电路

照片 6.15 是使用 FT-82-43(25T×3)的 3 绕线变压器,测量连接成 1：9(50Ω：450Ω)和 9：1(450Ω：50Ω)时的变压器的输入阻抗-频率特性。和照片 6.13 所示的 1：4 的连接相比,平坦性有若干变坏。

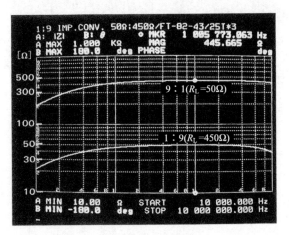

照片 6.15　3 绕线变压器连接成 1：9 及 9：1
时的阻抗-频率特性(f＝10k～10MHz)

照片 6.16 是将相同的 3 绕线变压器接成 9：4(112.5Ω：50Ω)时的输入阻抗-频率特性。由于变换比为 2.25：1 很小,所以阻抗的平坦性变好。

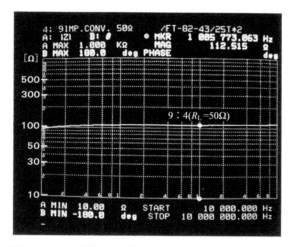

照片 6.16　3 绕线变压器 9∶4 连接时的阻抗-频率特性
（$f=10\mathrm{k}\sim10\mathrm{MHz}$）

41　高频用 90°相位移相器

　　相位移相器是指振幅一定,仅相位移动 90°的电路。在低频电路中,OP 放大器和电阻、电容的组合使用居多。达到数 MHz时利用高速宽带的 OP 放大器能较简单地实现,但高频时不用。

　　高频时的相位移相器,如图 6.12 所示的中间抽头的 LC 方式较好。相位移相器用的线圈 L,当耦合系数为 1,即不是紧耦合时不能顺利动作。要达到此目的,双线绕线铁心最适合。

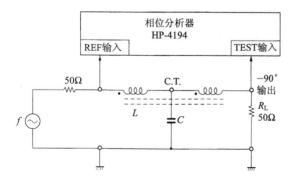

图 6.12　使用 LC 的 90°相位移相器的构成

还有,要正确地调整-90°的相位,必需使电感器的值可变。

常数的计算如下所示。首先,需要输入频率 f 和电路阻抗 Z_0。此值确定后,就可通过下式进行计算:

$$L = \frac{2Z_0}{2\pi f} = \frac{Z_0}{\pi f}$$

$$C = \frac{2}{2\pi f Z_0} = \frac{1}{\pi f Z_0}$$

照片 **6.17** 实验中使用的眼镜铁心[Q5B-7.5×7,8 匝双线绕法,TDK 公司]

这里,使用双孔形铁心 Q5B-7.5×7(TDK,照片 6.17)进行实验。在此双孔形铁心上缠绕 8 匝双绕线,则串联连接时的电感 L 约 48μH。从此值反算频率 f 为:

$$f = \frac{Z_0}{\pi L} \approx 330 \ (\text{kHz})$$

下面进行 330kHz 用的 90°相位移相的实验。此时的电容为

$$C = \frac{1}{\pi f Z_0} \approx 0.019 \ (\mu\text{F})$$

取两个 0.01μF 的电容并联连接。

照片 6.18 是 $L=48\mu$H、$C=0.02\mu$F 时的输入频率-相位特性。可以确认在 $f=327.3$kHz 处有 90°相位延迟。为确保所希望的频率处的特性,准备线圈 L 和电容 C 都可变,来进行正确的 90°相位移相。

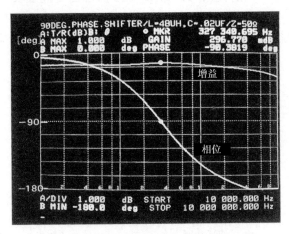

照片 **6.18** $f=330$kHz 相位移相的特性
($L=48\mu$H,$C=0.02\mu$F,$Z_0=50\Omega$,$f=10$k～10MHz)

还有,为实验高频处的 90° 相位移相,这次使用阿密顿公司的 T25-6(黄色)环形铁心(照片 6.19)。在此铁心上缠绕 8 匝双绕线,则电感 L 约 $0.69\mu\mathrm{H}$。反算求得电容 C 和频率 f 分别为:

$$f \approx 23\mathrm{MHz}$$
$$C \approx 270\mathrm{pF}$$

用此构成进行的实验如照片 6.20。由此可确认,即使在 $f = 23\mathrm{MHz}$ 处也能进行很好的移相。

照片 6.19 实验中使用的环形铁心[T-25-6,8 匝双线绕法,阿密顿公司]

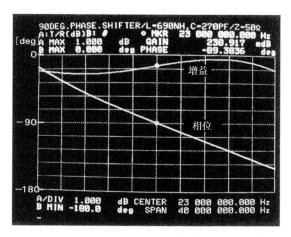

照片 6.20 f＝23MHz 相位移位器的相位特性(L＝0.69μH, C＝270pF,Z_0＝50Ω,中心频率 f_C＝23MHz,4MHz/div.)

★ 关于阿密顿公司的环形铁心

环形铁心一般是由日本国内厂商的 TDK、都金、FDK 等出售,但能达到数百 MHz 铁心的还属阿密顿公司。

阿密顿公司的铁氧体环形铁心是由 FT 系列(FB 系列是铁氧体玻璃砂)而得名。

环形铁心有锌锰系列(透磁率＝20～80)和锌镍系列(透磁率＝800～10000),常使用的是锌镍系列的铁心。其外径可从型号名称上类推。比如,FT－50－♯43 表示了外径为 50,称为外径 0.5 英寸。另外,最后的♯43 表示了材质,本书中使用的♯43 的材质覆盖 VHF 带。

42 应用于信号分配的混合电路

在高频电路中,信号分配上使用如图 6.13 所示的混合电路。所谓混合电路是实现特定点间决定的耦合,而其他的点都被绝缘。这里,对 A、B、C 的 3 点间,C→A 及 C→B 信号通过,A→B 及 B→A 间会得到大的隔离的混合电路进行实验。

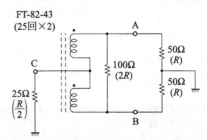

图 6.13 使用于高频信号分配的混合电路

此电路简单地说,A 和 B 之间相互不干涉,和点 C 构成耦合的电路。在混合电路中使用的线圈是双绕线。这里使用 FT-82-43(25T×2)进行实验,如果周边的阻抗设定不正确,就不能得到大的隔离。

照片 6.21 是 C→A 和 A→B 的传输频率特性。中间的曲线是点 C 的阻抗为 50Ω 时,得到约 16dB 的隔离。

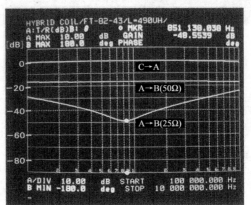

照片 6.21 制作的混合电路的隔离特性
($L=490\mu H, f=100k\sim10MHz, 10dB/div.$)

A→B(25Ω)在 $f=851kHz$ 处可得到最大的隔离。

线圈的电感 L 为 $490\mu H$,如果要把隔离的最佳点的频率向高移动则需将 L 值变小。

43 测定阻抗匹配的反射损耗桥式电路

在高频电路中,阻抗匹配是关键。如果出现了阻抗不匹配和信号的反射,则会产生驻波使信号传输出现问题。

例如在 50Ω 的传送线路上,如果连接 50Ω 的负载阻抗,那么所有的电力都被供给负载。当然反射电力为 0 时是正常的状态。

表现不匹配的状态时,使用反射系数、驻波比(VSWR:Voltage Standing Wave Ratio)及不匹配损失(即反射损耗)等术语。

反射系数

$$\Gamma = \frac{Z_0 - Z_L}{Z_0 + Z_L}$$

这里 Z_0 为驱动阻抗,Z_L 为负载阻抗。

驻波比 ρ 可由反射系数算出:

$$\rho = \frac{1 + \Gamma}{1 - \Gamma},$$

如果 Γ 为 0,则驻波比 VSWR 的值为 1。

另一方面,反射损耗 RL 用分贝表示。从反射系数可计算出 RL:

$$RL = 20 \lg \frac{1}{\Gamma}$$

图 6.14 是有代表性的阻抗桥式电路,这个桥式电路当 R_X = 50Ω 时平衡。输出为差动输出,用平衡-不平衡变压器变换一端,测定其输出电平。

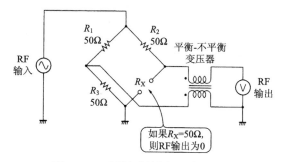

图 6.14 反射损耗桥式电路的构成

照片 6.22 是市场上出售的阻抗 50Ω、频率范围为 10M～1000MHz 的 VSWR 桥式电路的外观。其内部电路不明,可尝试测定此种桥式电路的电气特性。

照片 6.22 市场上出售的 VSWR 电桥的外观(62NF50)

照片 6.23 是 $R_X = \infty$(负载断开)的特性。插入损耗为 12~
13dB。为故意作出不匹配,若连接 $R_X = 75\Omega$,以 $R_X = \infty$ 为基准,
约 14dB(用 VSWR 换算为 1.5),但在 $R_X = 50\Omega$ 处表示了极大
的反射损耗(理想情况为无限大)。

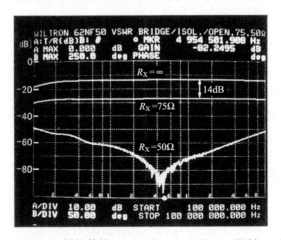

照片 6.23 VSWR 电桥的特性($f = 100k \sim 100MHz$,10dB/div.,62NF50)

44 反射损耗桥式电路的制作

市场上出售的反射损耗桥电路价格很高。这里为了实验我
们用市场上易买的元件来制作。图 6.15 是制作出来的反射损

耗电桥电路的构成。

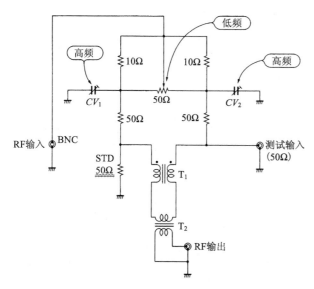

图 6.15　制作的反射损耗桥式电路

　　为了桥平衡的调整,插入可变阻抗(50Ω),调整到使低频时的反射损耗最大。一方面,高频时的平衡会因电路的对称性、杂散电容而使特性变化很大,所以要附加调整用的数十皮法的补偿电容器。

　　RF 输出为进行平衡-不平衡单端变换,使用变压器 T_2(单纯的 1∶1 变压器),为改善高频时的平衡度附加 T_1。

照片 6.24　制作的反射损耗桥式电路的外观
(实际应该封装在金属盒内)

试作的印制电路板如照片 6.24 所示,本来应封装在金属盒内,其高频域的特性与市场的出售品相比,性能较劣。

照片 6.25 是制作的反射损耗桥的特性。当 $R_X = \infty$(和短路相同)及 $R_X = 75\Omega$ 时的特性,与前面介绍的 WILTRON 公司的反射损耗桥 62NF50 相类似。

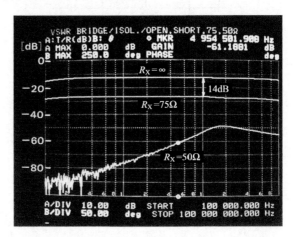

照片 6.25 制作的反射损耗电桥的特性($f = 100\mathrm{k} \sim 100\mathrm{MHz}$,10dB/div.)

$R_X = 50\Omega$ 处的低频域特性良好,在 $f = 10\mathrm{MHz}$ 处有很大偏差,但反射损耗 30dB 左右的倾向已经足够。

45 应用于高频 CT 时的输入阻抗

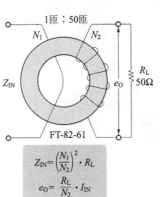

图 6.16 高频 CT 的输入阻抗

环形铁心是作为高频 CT…变流器经常使用的。图 6.16 是 2 次(负载)绕线缠绕 50 匝的 1:50 的变压器。如果环形的中心贯通 1 次绕线,则 1 次电流变为 1/50 向 2 次绕线流出,这里再连接负载电阻 R_L,变换为电压。

此电路的输入阻抗 Z_{IN},从匝数比上看应变为负载电阻 R_L 的 1/2500,现实中因匹配系数为 1 以下,所以不能用计算求得。一般地,使用变流器 CT 时的输入阻抗,由于测定电路等流过的电流的关系,如果与电路阻抗相比不是极小值就会对测定误差和电路造成影响。

照片 6.26 是 $R_L = \infty$ 及 $R_L = 0$ 时的输入阻抗-频率特性。在 $f = 1\text{MHz}$ 处变为约 $500\text{m}\Omega$ 及 $5.6\text{m}\Omega$。如果不附加负载电阻 R_L 想要测定高频大电流，由于此 $500\text{m}\Omega$ 和电路串联进入，所以会对电路造成很大的影响。必需终端用低阻抗。

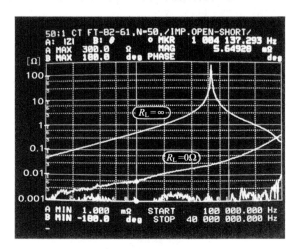

照片 6.26 高频 CT 的输入阻抗特性（铁心 FT-82-61, $N_2 = 50$, $R_L = 0 \sim \infty\,\Omega$, $f = 100\text{k} \sim 40\text{MHz}$）

照片 6.27 是当环形铁心 FT-82-61（阿密顿公司）上缠绕 50 匝的 CT，流过一定电流（$i = e/50\Omega$）、负载电阻 R_L 为 50Ω 时的频率特性。

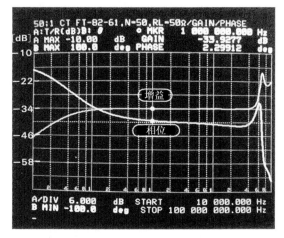

照片 6.27 高频 CT 的频率特性（铁心 FT-82-61, $N_2 = 50$, $R_L = 50\Omega$, $f = 10\text{k} \sim 100\text{MHz}$, 6dB/div., $\pm 100°$/FS）

$f=40\mathrm{MHz}$ 以上产生大的波峰,是由于变压器的输入输出间杂散电容的耦合造成的。另外,低频域的特性曲线的下降是由2次绕线的阻抗和负载电阻 R_L 的时间常数决定的。

46 高频变压器的漏电感

▶ 漏电感

要判断开关电路等使用的高频变压器的好坏,需核查漏电感的大小。这种漏电感在很大程度上依赖于变压器的形状及绕线方法。

这里,以应用于高频的环形铁心中使用的绝缘变压器为例,实测由绕线方法的差异引起的差值。

图6.17表示漏电感(L_1 和 L_2 不是线圈中单独存在的),此等价电路可视为和理想的变压器的输入输出端串联插入的等价电路。

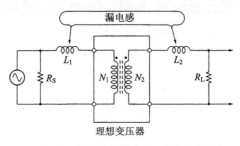

图6.17 变压器绕线的耦合度差时漏电感增加

在此电路中的 L_1 和 L_2,是变压器的2次侧(或1次侧)短路时的端子间电感,当输入输出理想耦合时为0。但是,实际上2次侧短路时,都会存在一点点的电感。观察图6.17,由于电路中串联插入了电感 L_1 和 L_2,所以可预想到高频特性的恶化。

另外,将此电路适用于开关电路时,由于 L_1 和 L_2 的存在,会产生过冲击或阻尼振荡。

▶ 漏电感的测定法

图6.18表示漏电感的测定方法。从1次侧看的等价电路是 RL 串联电路,所以此时的阻抗为

$$|Z|=\sqrt{R^2+X^2}。$$

以下注重测定阻抗-频率特性,比较其差异。

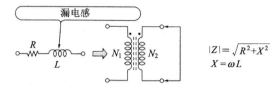

图 6.18　2 次侧短路、测定 1 次电感时发现漏电感

47　漏电感···1：1 变压器

首先测定匝数 $N_1 = N_2 = 16$ 匝的分开绕线的变压器的漏电感。照片 6.28 表示实验的变压器。照片(a)是 1 次和 2 次绕组分开绕线的例子。分开绕线对输入输出间的绝缘耐压极其有利，但耦合度不好，漏电感很大。

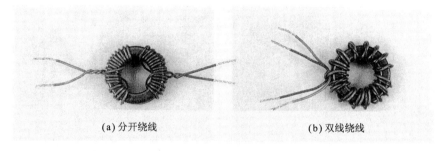

(a) 分开绕线　　　　　　　　(b) 双线绕线

照片 6.28　实验中使用的匝数比为 1：2 的变压器

照片(b)是将 2 根导线同时缠绕，可以说是双线绕线。这样耦合度好，由于频带加宽，所以经常应用于高频，绝缘耐压依赖于所使用的线材的包覆材料。

这种变压器的主要特性是 2 次侧断开时的 1 次侧的电感约 $400\mu H$；短路时约 $11\mu H$（比率 1/36.4）；双线绕法为 $323\mu H$/ $0.58\mu H$（比率 1/557）。

照片 6.29 是各个变压器的 1 次侧的阻抗。2 次侧断开时 (a)、(b)几乎为相同的值；2 次侧短路时(a)中 $f = 100\text{kHz}$ 时 $|Z| = 6.27\Omega$，(b)中 $|Z| = 0.37\Omega$，变得极小，是典型的 $R + j\omega L$ 的曲线。

照片 6.30 是 1：1 的绝缘变压器连接时的增益和相位的频率特性。(a)是分开绕线，频带较窄，插入损耗有 0.35dB。如果是耦合度较好的双线绕线，如照片(b)所示，可实现宽带的绝缘变压器，请注意横轴上扩大为 $1\text{k} \sim 100\text{MHz}$ 的频段。

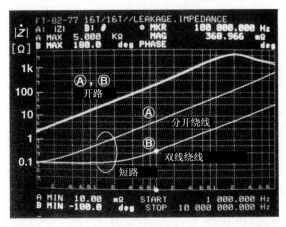

照片 6.29 匝数比 1∶1 的变压器的 2 次侧开路/短路时的阻抗-频率特性
（清楚看出 $f=1k\sim10MHz$,短路时,分开绕线和双线绕线的差别）

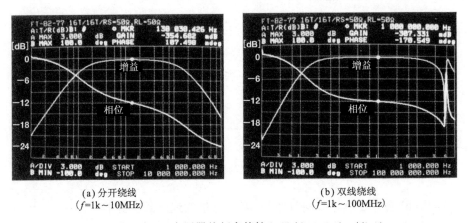

(a) 分开绕线
（$f=1k\sim10MHz$）

(b) 双线绕线
（$f=1k\sim100MHz$）

照片 6.30 1∶1 变压器的频率特性（3dB/div. ,20deg/div. ）

给理想的变压器施加脉冲电压（方波）时,如果变压器的 2 次侧短路,则 1 次侧上不产生电压。但实际上由于漏电感的存在,会产生类似 RL 微分电路的响应。

照片 6.31 是 1∶1 绝缘变压器的 1 次侧为 50Ω 终端时的 1 次电压和 2 次短路电流。(a)的分开绕线其漏电感很大,使微分时常数变长。从此波形来判断变压器的好坏。照片(a)和(b)的差异一目了然。

2 次短路电流的上升时间和频率特性的好坏有关,照片(b)是 1∶1 的双绕线绕法的 1 次电压和 2 次短路电流。微分时常数很短,2 次短路电流的上升时间变快。

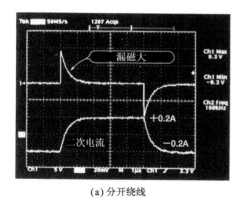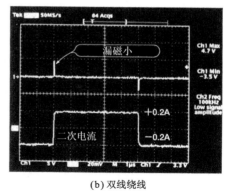

(a) 分开绕线　　　　　　　　　　(b) 双线绕线

照片 **6.31**　1：1变压器的1次电压和2次短路电流

$$(V_{\text{IN}}=10V_{\text{P-P}}, f=100\text{kHz}, R_{\text{S}}=50\Omega, 5V/\text{div.}, 0.2A/\text{div.}, 1\mu s/\text{div.})$$

48　漏电感⋯1：2变压器

　　照片 6.32 是使用于实验的 1：2 变压器的外观。(a)是分开绕线、(b)是 3 根导线同时绕线的 3 线绕法(2 次侧串联连接 2 根绕线)。使用的环形铁心也是 FT-82-77($\mu_i=2000$)。

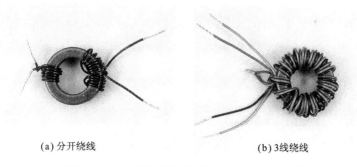

(a) 分开绕线　　　　　　　　　(b) 3线绕线

照片 **6.32**　使用于实验的匝数比 1：2 的变压器

　　要减小变压器的漏电感,匝数比为 1：1 的绕线绕法最好。但为活用变压器所具有的可实现任意升降压的特性,需要 1：N ($N=N_1/N_2$)的变压器,而且匝数比 N 越大,漏电感也越大。

　　这里针对匝数比为 1：2 的例子,比较由绕法所引起的差异。

　　观察图 6.19 可知,功能相同,但两者的升压变压器的结果不同。环形铁心在 1 次侧绕 6 匝,2 次侧绕 12 匝(应该与 12：24 相比较),升压比不是匝数,而是匝数比。

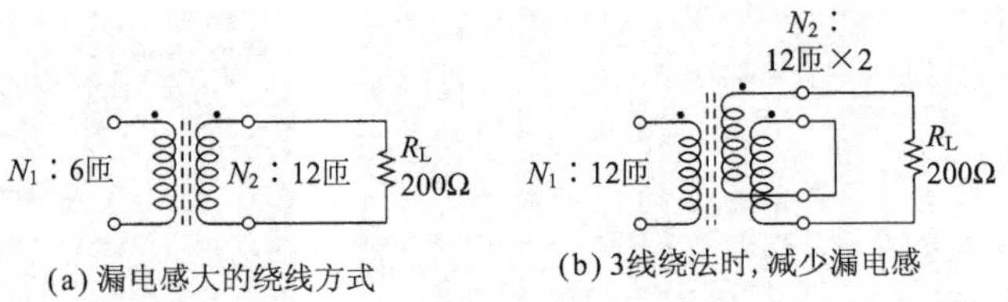

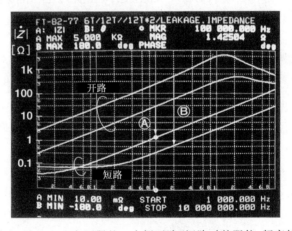

图 6.19 相同的 1∶2 升压变压器

3 线绕法是同时缠绕 3 根绕线,如果串联连接 1 次侧或 2 次侧,可用 1∶0.5 或 1∶2 的变压器实现。照片 6.33 是分开绕线和 3 线绕线时的 2 次侧开路/短路时的阻抗–频率相比较的图形。

照片 6.33 1∶2 变压器的 2 次侧开路/短路时的阻抗–频率特性

分开绕线时,2 次短路时的阻抗比不能取很大,而 3 线绕线时却可得到极大的断开/短路的比率。

实测漏电感的差异,分开绕线时为 $45\mu\mathrm{H}/2.27\mu\mathrm{H}$(比率=19.8),与 1∶1 的变压器相比,比率变小。另一方面,3 线绕法时 $382\mu\mathrm{H}/0.521\mu\mathrm{H}$(比率=733),3 线绕法时可得到很大的比率,所以频域上应该出现很大的差。

照片 6.34 是 1∶2 的变压器的增益/相位的频率特性。照片(a)的分开绕法,−3dB 的带域约 100k～7MHz(7 倍的带域),插入损耗有 0.5dB,可以说是不怎么好的特性。

照片(b)是 1∶2 的 3 线绕法时的增益和相位的频率特性。−3dB 的带域被扩大为 10k～20MHz(2000 倍的带域),因此多被使用于高频波的宽频带放大器等。

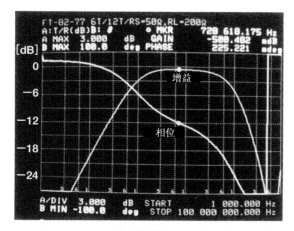

(a) 分开绕线

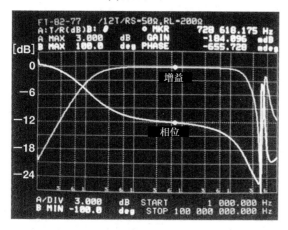

(b) 3线绕线

照片 **6.34**　1∶2变压器的频率特性

（f＝1k～100MHz,3dB/div.,20deg/div.）

49　漏电感···脉冲变压器

　　先前的实验,通过绕法比较了变压器的特性,都是通过自作的环形铁心进行了实验,以调查市场上出售的变压器的特性为目的,研究通用的脉冲变压器的特性。

　　照片 6.35 表示使用于实验的市场上出售的脉冲变压器和自作的脉冲变压器的外观。这里(a)的脉冲变压器是 NPC 公司的1∶1CT(TF-B3),1 次电感在 f＝100kHz 处为 15.9mH;2 次

短路时为 $68.6\mu H$（比率 231）。

(a) 市场上出售的脉冲变压器   (b) 自制的脉冲变压器

照片 6.35 实验中使用的脉冲变压器

照片 6.36 表示 2 次侧开路/短路时的阻抗-频率特性。$f=$ 100kHz 处的阻抗 $|Z|$ 为 10kΩ，短路时标志点为 43.4Ω，正与阻抗比相吻合。

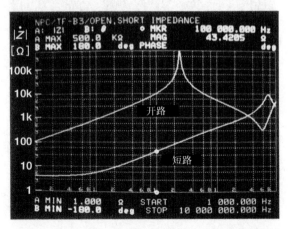

照片 6.36 市场上出售的脉冲变压器(TF-B5)的 2 次侧开路/短路时的阻抗特性($f=1k\sim10MHz$)

照片 6.37 是自作的脉冲变压器的 2 次侧开路/短路时的阻抗-频率特性。这个变压器是在 EI-25，铁心材料 PC-40 上各绕 20 匝，在 1 次侧和 2 次侧间放入绝缘纸而制成。2 次侧断开时的电感为 $826\mu H$，漏电感为 $1.36\mu H$（比率 607）。

在使用环形铁心的变压器上，1 次侧和 2 次侧均匀地绕线在铁心周围，注意匝数少的时候等间距绕线是要点。

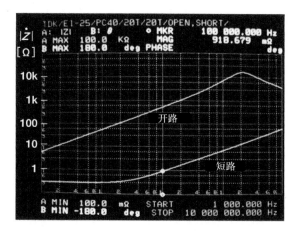

照片 6.37 EI-25/PC-40 自制的脉冲变压器的
开路/短路时的阻抗-频率特性($f=1\mathrm{k}\sim10\mathrm{MHz}$)

在使用 EI、EE 铁心的变压器上,各层均匀绕线或者如图 6.20 所示分开绕线时,可将各绕线串联或并联连接得到升降压比。

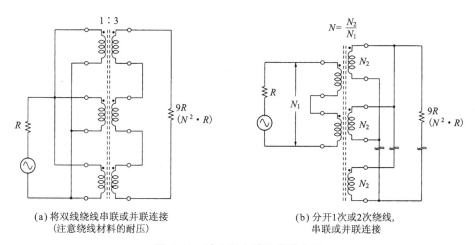

(a) 将双线绕线串联或并联连接
(注意绕线材料的耐压)

(b) 分开1次或2次绕线,
串联或并联连接

图 6.20 减少漏电感的绕线方法

在使用开关电源等的变压器上,是将 1 次侧分两部分分开绕线,插入到 2 次侧电路的绕线中,此法被称为多层结构绕线。

第7章
在OP放大器电路中有效使用RC的实验

在电子电路的教科书中会详细阐述电路的基本动作、计算顺序等等。但不记载具体的元件常数、元件种类,所介绍的最多只是基本电路。

因此,如果只那样使用基本电路会产生各种各样的故障。例如耐噪声特性、稳定性、特性的偏差(被周围从动元件的特性左右)、电源电压的变动、宽范围内的环境温度等。

50　OP放大器电路···使用于输入的电阻值的选择方法

OP放大器的特征是根据周围的反馈元件实现任意特性的模拟电路。

图7.1所示的负增益 A 取决于电阻 R_1 和 R_2 的比率。在极常用的电路中称为反相放大电路。这种电路中 R_1 和 R_2 的值怎样为最好,重要的是 R_1 和 R_2 的比率,但实际的电阻值的选择方法也很重要。

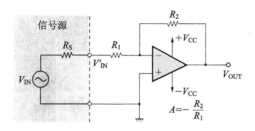

图 7.1　附在 OP 放大器的周边电阻(反相放大器时)

▶ 信号源电阻 R_S 的影响

在 OP 放大器的教科书中指出反相放大电路的电压增益 A,由输入电阻 R_1 和反馈电阻 R_2 的比值决定,但此说法强调信

号源电阻 R_S 为 0。所谓信号源电阻,是指送出信号侧的电路所具有的电阻成分,含有短路保护电阻、配线电阻成分,信号源电阻为 0 的情况不多。

如果考虑反相放大电路中的信号源电阻 R_S,则正确的增益 A 的计算式为

$$A = -\frac{R_2}{R_S + R_1}。$$

通常 R_1 比信号源 R_S 充分大,直接由 R_1 决定。此式中的负号表示输入输出间的相位(或正负极性)反相。

在增益为低值的设定中,R_1 的值取为比较高的电阻值;但要得到增益高的值时,要限制 R_2 的值(最多为数兆欧),降低 R_1 的值,则变成了输入电阻低的放大器。

比如说,为设定增益 $A = -10$,取 $R_1 = 10\text{k}\Omega$、$R_2 = 100\text{k}\Omega$,此时要使增益误差在 2% 以下,则信号源电阻 R_S 的值必须在 200Ω 以下。

照片 7.1 是测定 $R_1 = 10\text{k}\Omega$、$R_2 = 100\text{k}\Omega$ 时,信号源电阻 R_S 从 0Ω 到 600Ω 变化时的增益偏差的例子。当 $R_S = 600\Omega$ 时增益下降 0.5dB。

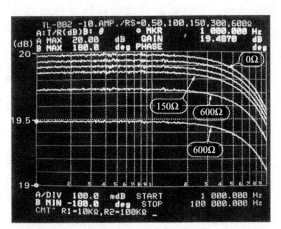

照片 7.1 反相放大器中信号源电阻 R_S 从 0Ω 到 600Ω 变化时的增益变化
($f = 1\text{k} \sim 100\text{kHz}, 0.1\text{dB/div.}$)

从以上可知,电阻 R_1 的值比信号源电阻值相当大时可抑制增益误差。但是如果考虑下述的交流特性(频率特性),也不能取太大的值。

▶ 输入电容和浮游电容的影响

图 7.2 等价地表示 OP 放大器自身的输入电容 C_i 和反馈电路的浮游电容（杂散电容）C_f，如果此电路中的 C_i 和 C_f 的电抗值与电阻 R_1 和 R_2 的值相比不是充分小时，则在频率响应上会产生变化。

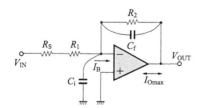

图 7.2   决定反相放大器电阻值的要素

OP 放大器自身的输入电容 C_i 会使频率特性上引入尖峰脉冲，反馈电阻 R_2 和并联连接的 C_f 会使高频领域的增益下降，从而使频率特性恶化。为抑制 C_i 和 C_f 的影响，希望电阻 R_1 和 R_2 的值尽量低。

照片 7.2 是表示在常用的 OP 放大器（TL082）中，R_2 的值在 $100k$、$1M$、$10M$、$100M\Omega$ 变化时的频率特性的变化。要知道 R_2 为 $100M\Omega$ 时，会受到电路图中未表示的静电容、浮游电容的影响。

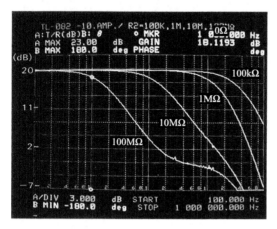

照片 7.2   随着反馈电阻 R_2 的值的改变，反相放大器的频率特性的变化（$f = 100\text{Hz} \sim 1\text{MHz}$，$3.0\text{dB/div}.$）

当然，使用 $100M\Omega$ 的反馈电阻器的情况极少。此实验中是为了让读者看到显著的现象为目的的，学到使用高电阻时，会受到浮游电容的影响的知识。

51 在宽频带、低噪声的 OP 放大器中使用低电阻

▶ 使用宽频带 OP 放大器时

OP 放大器电路的频率特性被 OP 放大器自身的频带和反馈电路的电阻值的大小所左右。因此,在处理数 MHz 的视频频带以上的频率的放大器中,作为反馈电阻值,不能选择在数十 kΩ 以上。

另外,在一般的宽频 OP 放大器中,流过输入端子的 OP 放大器固有的偏置电流 I_B 为数 μA～数百 nA,为比较大的值,所以会产生新的偏置电压误差。图 7.3 表示其情况。由于此偏置电压误差被成倍放大,是不能忽视的,所以电阻值不能高。

反馈电阻值小,对改善高频特性有效,但低电阻也是有限度的。反馈电阻 R_2 上流过适应 OP 放大器的输出振幅的电流,因此当 R_2 值低时,流过大的输出电流,当此电流超过 OP 放大器所具有的最大输出电流时输出波形会被截断。

即视频用 OP 放大器与常用的 OP 放大器相比,可得到大的输出电流。

照片 7.3 是将常用的 OP 放大器 TL082 使用于非反相放大电路中,测定电源电压 $V_{CC} = \pm 15V$ 时可得到多大的最大输出振幅的例子(图 7.4)。照片(a)是 $R_2 = 100\Omega(R_1 = 10\Omega)$ 时的波形,最大输出电流 I_{omax} 正端为

$$4.72V \div 110\Omega = 42.9(mA)$$

负端为

$$-2.96V \div 110\Omega = 26.9(mA)$$

负端的驱动能力变坏。$R_2 = 1k\Omega$ 时,正端在 $+12V$、负端在 $-11V$ 之间振动。

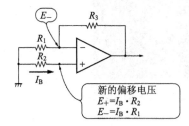

图 7.3 由 OP 放大器的输入偏置电流和输入电阻而产生的新的偏置电压

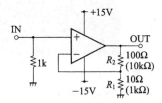

图 7.4 研究由 TL082 引起的最大输出振幅的实验

一般地，负反馈电阻的值 $R_2 = 10k\Omega$ 左右的例子居多，这样，输出振幅（TL082 的情况）在 $+14.15V \sim -13.4V$（$27.55V_{P-P}$）之间振动。照片（b）表示了 $R_2 = 10k\Omega$ 时的输出波形，是正常使用方法时的波形。

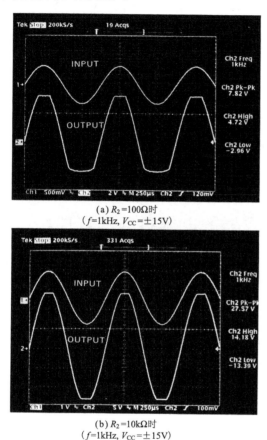

(a) $R_2 = 100\Omega$ 时
($f = 1kHz$, $V_{CC} = \pm15V$)

(b) $R_2 = 10k\Omega$ 时
($f = 1kHz$, $V_{CC} = \pm15V$)

照片 7.3　OP 放大器 TL082 的最大输出电压的波形

▶ **在低噪声的前置放大器中使用低电阻值**

在测量用方面需要低噪声的前置放大器。制作低噪声前置放大器时，在传感器的信号源电阻低的用途上，选择等价输入噪声电压 e_n（$nV/\sqrt{Hz}$）低的双极输入型 OP 放大器（AD797、OP27 等），增益设定电阻 R_1、R_2 使用低的电阻值（数百 Ω 以下）。图 7.5 是 600Ω 音频用低噪声放大器的一例。

当前置放大器的输出振幅在 1V 以下时，后段连接 20dB 左右的后置放大器可放大到数 V 的电平。由此，可使电阻器 R（图

7.5 的场合为 R_1 和 R_2 的并联值)所产生的热噪声变小。顺便提一下,常温下的电阻器的噪声为

$$e_n = 0.126 \sqrt{R(k\Omega) \times B(kHz)} \, (\mu V_{rms})$$

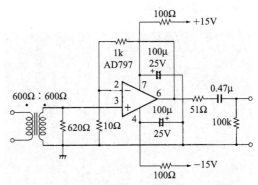

图 7.5 600Ω 线路音频用低噪声放大器的例子

52 补偿 OP 放大器的电容负载的特性

▶ 因电容负载而不稳定的 OP 放大器电路

当 OP 放大器的输出连接其他电子电路时,如果是普通的电路,负载为阻性。如果负载为 OP 放大器 IC,则因其输入电容为数 pF 左右,所以不必担心容性负载。

但是如果用 OP 放大器驱动大容量的电容时,或为连接其他设备,使长屏蔽线成为负载时,会产生不稳定动作,包括波形阻尼振荡、高频处发振、直流漂移等的情况,屏蔽线存在 100pF/m 左右的电容。驱动电容负载大多是宽带的 OP 放大器,所以必须要加以注意。

图 7.6 表示 OP 放大器的电容负载 C_L 和由此电容负载而产生的相位移相。有关 OP 放大器的教科书等,都记载着 OP

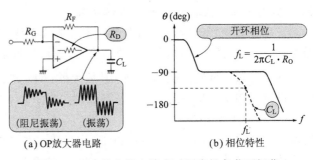

(a) OP放大器电路   (b) 相位特性

图 7.6 OP 放大器电路有时因容性负载而振荡

放大器的输出阻抗极低,但实际上在开环增益下降的高频区域内,却具有着不可忽视的输出阻抗。

实际的 OP 放大器的输出电阻 R_O,依赖于 OP 放大器自身的频率特性、开环增益、交流特性等。

如果 OP 放大器的输出电阻 R_O 连接负载电容 C_L,则输入输出端子间会产生相位延迟。相位延迟 45° 时的频率 f_L 变为:

$$f_L = \frac{1}{2\pi C_L R_O}$$

此时与 OP 放大器单独的移项量 $-90°$ 合成,变成 $-135°$ 的延迟,由此可致使开环增益变大或阻尼振荡或发振。

照片 7.4 是用常见的 OP 放大器 TL072 构成的在 -1 倍的反相放大器的输出端子上给予 $0.01\mu F$ 的电容负载时的输入输出波形。振荡频率可在约 200kHz 处稳定振荡。为了参考,将此放大器变更为常见的 OP 放大器 4558,则不能等幅振荡而产生了阻尼振荡现象。

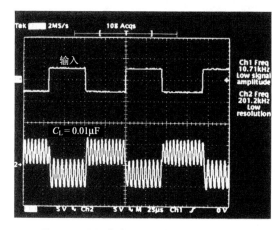

照片 7.4　容性负载引起的 OP 放大器的振荡
(OP 放大器 TL072,$f_{osc} \approx 200kHz$,5V/div. ,25μs/div.)

当电容负载比较小时,如图 7.7 所示,可用反馈电阻 R_F 和数十 pF 的电容 C_F 并联连接处理,而变成大容量负载时,使用下述的桥式 T 形反馈电路的方法比较适宜。

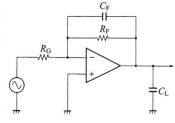

图 7.7　容性负载小时,插入和反馈电阻并联的小电容 C_F

▶ 用桥式 T 形电路稳定化

对于大容量的负载 C_L，要使 OP 放大器稳定动作，则首先在 OP 放大器输出端插入串联电阻 R_S，使 OP 放大器自身的输出电阻 R_O 和电容负载 C_L 分离。但如果只让 OP 放大器的输出电阻 R_O 和串联阻抗 R_S 串联，相位移相 45° 的频率 f_L 只能下降到

$$f_L = \frac{1}{2\pi C_L (R_O + R_S)}$$

因此，如图 7.8 所示，插入修正相位延迟的电容 C_C 使相位上升，这样相位前进 45° 的频率 f_H 就变为：

$$f_H = \frac{1}{2\pi C_C (R_F // R_G)}$$

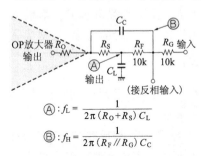

Ⓐ： $f_L = \dfrac{1}{2\pi (R_O + R_S) C_L}$

Ⓑ： $f_H = \dfrac{1}{2\pi (R_F // R_G) C_C}$

图 7.8 由桥式 T 组成的电容性负载的补偿电路

由此式可知，$f_L = f_H$ 时的电容 C_C 的值为：

$$C_L (R_O + R_S) = C_C (R_F // R_G)$$

$$\therefore C_C = C_L \cdot \frac{R_O + R_S}{R_F // R_G}$$

但由于一般电容负载 C_L 的值、OP 放大器的输出电阻 R_O 未知，所以不能用计算求得 C_C 的值。

于是，假设 $C_L = 0.01\mu F$、$R_S = 100\Omega$、$R_F = R_G = 10k\Omega$、$R_O = 0\Omega$ 时，

$$C_C \approx 0.01 \times 10^{-6} \times (100/5 \times 10^3) = 200 \text{（pF）}$$

这是一个常数指标，在 200pF 以下的电容可防止振荡。

照片 7.5 是研究在图 7.8 电路中的修正电容 $C_C = 0$ 时的增益-相位特性的曲线。R_O 的值在测量器中为 50Ω，代替 OP 大器的输出，将 0dBm 的测定信号通过 R_G（输入），用高阻抗（1MΩ）向测定器输入。相位 45° 移相的频率为 131kHz（曲线 Ⓐ），增益强于 −3dB（$f_L = 1/(2\pi (R_O + R_S) C_L)$ 的曲线）。

曲线 Ⓑ 是要研究 OP 放大器的虚地点的特性，由于测定器的输入电容有约 30pF，所以还会产生相位延迟的结果。

照片 7.6 是图 7.8 所示的桥式 T 形电路的增益-相位特性。当 $C_C = 68p$、$100p$、$200pF$ 变化时，在 $C_C = 200pF$ 处被修正了相位的延迟，即使负载电容 $C_L = 0.01\mu F$，也能稳定地进行反馈动作。

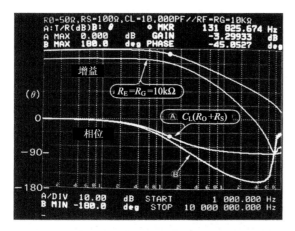

照片 7.5　无补偿电容 C_C 时的增益-相位频率特性
（$f = 1\text{kHz} \sim 10\text{MHz}, 10\text{dB/div.}, 36°/\text{div.}$）

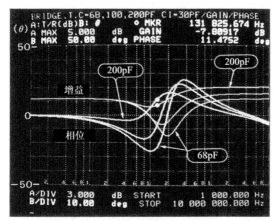

照片 7.6　桥式 T 形电路的增益、相位-频率特性（$R_O = 50\Omega, R_S = 100\Omega, R_F = R_G = 10\text{k}\Omega, C_C = 68/100/200\text{pF}, C_i = 30\text{pF}$）

53　抑制高速、宽带电路的高频峰值的电容

　　在直流～低频电路（数百 kHz 以下）中，在使用通用的 OP 放大器用最佳常数设计的增幅电路中，其频率特性上不会产生峰值。但将如图 7.9 所示的高速、宽频带 OP 放大器使用于缓冲、线路激励器等的低增益设定的场合时，其高频特性上时常会有峰值。

　　图 7.9 是使用视频频带用 OP 放大器 AD818AN，电压增益 2 倍的例子，在频率特性的高频域产生峰值（在方波响应上产生过冲击、阻尼振荡）的原因，是由于宽带OP放大器的相位容限

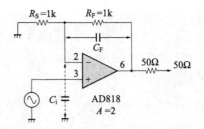

图7.9 使用宽带 OP 放大器 AD818AN 的电压增益 2 倍的放大器

少,存在输入电容、配线等引起的杂散电容。

在此电路中,如果用虚线表示的电容 C_i(OP 放大器自身的输入电容、配线等引起的杂散电容)存在,则电压反馈电路的分压比的频率响应就会变得不平坦,很容易想像到高频的电压增益将上升。

照片 7.7 是终端时的电压增益为 1 倍(0dB)时的频率特性。峰值量依赖于 OP 放大器的电源电压,曲线上顺次为 $V_{cc}=\pm15,\pm12,\pm9,\pm6,\pm5V$。最平坦的曲线是 $V_{cc}=\pm5V$ 时,反馈电阻 R_F 并联峰值补偿电容 C_F 时的曲线。3dB 带域幅度可得到 60MHz。

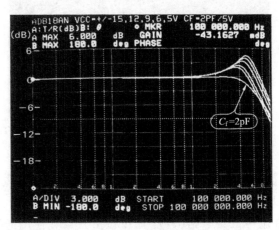

照片 7.7 图 7.9 的电路(OP 放大器＝AD818AN,$A=2$)的频率特性($V_{cc}=\pm15/12/9/6/5V$,$f=100k\sim100MHz$,3dB/div.)

用于抑制峰值的补偿电容 C_F 只有数 pF,是个小值,但也需要根据所使用的 OP 放大器的种类、电源电压、安装状态等进行调整。实际上如果使用半固定电容进行调整可实现最平坦化。

54 扩大宽带放大器频带的信号校正电容

普通的 OP 放大器,即电压负反馈型的 OP 放大器的频率特性如图 7.10 所示,由开环的增益-频率特性和电路的反馈量决定。如果增加增益,频带的幅度就会变窄。因此,我们进行了实验,观察使用宽带 OP 放大器时,为何频率特性变差的原因。

例如,在频带 100MHz 的 OP 放大器上,此值称为 GB 积(增益和-3dB 处频率的乘积)或 f_T(开环增益为 1 的频率)。

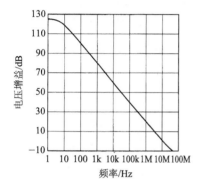

图 7.10 常用 OP 放大器的开环
增益-频率特性的一例

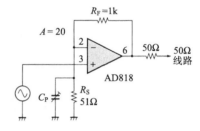

图 7.11 使用宽带 OP 放大器 AD818AN,
电压放大增益为 20 的电路例子

图 7.11 是使用宽带 OP 放大器 AD818AN 将电压增益 20 倍(26dB)的例子。从图 7.12 所示的开环频率特性来看,很容易预测到增加增益会使频带幅度变窄。知道了开始使用高增益,改变 OP 放大器的种类等,但当设定的增益在规定值以下时,会产生不稳定的动作,即产生峰值或振荡。

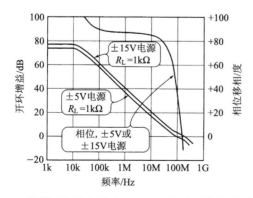

图 7.12 宽带 OP 放大器 AD818AN 的开环增益-频率特性

照片 7.8 是在图 7.11 中,当 $R_F = 1\text{k}\Omega, R_S = 51\text{ k}\Omega$ 时的频率特性(下方的曲线)。以 50Ω 为终端,平坦部的电压增益为 $A = 10$ 倍(20dB)。

补偿峰值的信号校正电容 C_P 为 1000pF 时,在 $f = 3\text{MHz}$ 处约 3dB 的峰值,这是过补偿。

此例中要想得到最平坦的频率特性,需要 $C_F = 510\text{pF}$。照片 7.8 中标识点处所示的直到 3MHz 都很平坦,-3dB 的带域约为 6MHz。

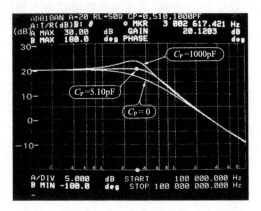

照片 7.8 图 7.11(OP 放大器 = AD818AN, $A = 20$)的电路的频率特性
($\pm V_{CC} = 5\text{V}, C_P = 0/510\text{p}/1000\text{pF}, f = 100\text{k} \sim 100\text{MHz}, 50\text{dB/div.}$)

顺便提一下,观察此曲线,可联想到如果使用有源滤波器 Q,可产生 $0.5 \sim 1.4$ 之间变化的响应。

放入信号校正电容的技术,不用说,对于想使微调频率特性和脉冲相应更好的场合的应用,具有一定的价值。

55 光电微小电流输入的前置放大器的反馈电阻值

图 7.13 是低输入偏置电流的 OP 放大器的电流输入型光传感器用前置放大器的例子。检测微弱光的光传感器的输出电流为 pA~nA 级,所以用这些光传感器放大器时,当然反馈电阻 R_F 的值要为高电阻值。

例如,要用输入电流 $I_{IN} = 10\text{nA}(10^{-8}\text{A})$ 得到 1V 的输出电压,则需要

$$R_F = V_O / I_{IN} = 10^8 = 100(\text{M}\Omega)$$

但如果是 100MΩ 的高电阻,要求得所使用的电阻器的稳定度是

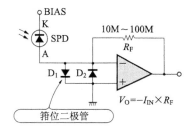

图 7.13 光传感器,用光电二极管的前置放大器的例子

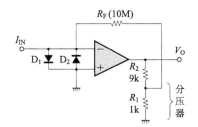

图 7.14 反馈部分插入分压电路时,不能使用高电阻

相当困难的,如果要求得稳定的性能,就需要高价的电阻器。

因此,如图 7.14 所示,在反馈电路中插入分压器(这里为 10 ∶1),考虑能获得等价的分压比倍(这里为 10 倍)的 R_F 的值的电路,是可以降低电阻成本的电路。

图 7.14 的分压器的电路阻抗,要使其增益误差变小,则需要减小反馈电阻 R_F。理想的情况下,由于 R_F 的值相当高,用 $R_1 = 1$ kΩ、$R_2 = 9$ kΩ 可达到目的。这样,R_F 的值可以选择 100MΩ 的 1/10 即 10MΩ。

但是,问题是电压增益变成了 10 倍,所使用的 OP 放大器的偏置电压被扩大 10 倍输出。此值与使用阻抗器(R_1、R_2、R_F)的温度系数所引起的增益变动而伴随的输出电压变动相比,可认为是个小值。

在交流特性方面,可通过减小 R_F 的值来达到宽频带化。和上述的照片 7.2 相比较,在 $R_F = 100$MΩ 处约 1kHz 的带域,在 $R_F = 10$MΩ 处改善为约 10kHz。

在需要高阻抗值的电路中要求实际安装技术,要注意元件配置、图形设计上产生的浮游电容(图 7.15)。

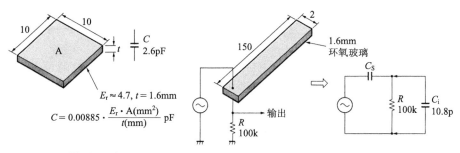

(a) 印制模型的电容容量 (b) 模型并联时的电容容量

图 7.15 印制线路板上产生的浮游电容的大小

56 光电二极管用前置放大器的频率特性

光电二极管是具有代表性的光电传感器,被使用于想得到与光量成比例的信号的场合。光电二极管的输出信号,即电流非常微弱。从光电二极管的输出电流上,获得电压的最简单的方法,原理上如图 7.16 所示,将光电二极管和负载电阻 R_L 并联连接,用 $e_O = i_P \times R_L$ 进行电流-电压的转换。

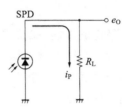

图 7.16 将光电二极管的光输出电流变换成电压

由于光电二极管的输出电流比较微弱,所以在必需大的输出电压 e_O 时,如果光输出电流 i_P 一定,则应将负载电阻 R_L 变成高电阻。但光电二极管的耦合间电容 C_d 的值为数十 pF,很大。所以所获得的频率幅度 f_B 下降为

$$f_B = \frac{1}{2\pi C_d R_L}$$

现实中此电路不能使用。

因此,作为光传感器用放大器,要扩大其频带,使用图 7.17 的 OP 放大器的电流输入型前置放大器电路很常见。如果是这样的电路构成,则通过虚地使电容 C_d 短路,应该能够宽带化。

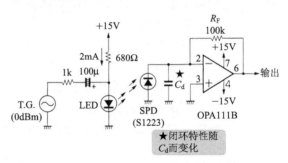

图 7.17 测量由 OP 放大器组成的光传感器放大器的频率特性

但是,这是 OP 放大器的开环增益无限大时的情况。由于被相位补偿的通常的 OP 放大器其高频域的增益很小,所以实际的输入电阻 R_i 上升为:

$$R_i = \frac{R_F}{A(f)}$$

此上升方式与线圈 L 的阻抗-频率特性 ωL 相类似。因此,如果将此和电容 C_d 并联连接,则在电路的频率特性上会产生峰值。

此峰值的频率 f_P 为：

$$f_P = \sqrt{f_T \times f_C}$$

f_T 是所使用的 OP 放大器的单位增益带域幅度，f_C 是电路的截断频率。此时的 f_C 为：

$$f_C = \frac{1}{2\pi C_d R_L}$$

例如在 $f_T = 1\text{MHz}$ 的 OP 放大器上，$C_d = 0.01\mu\text{F}$、$R_L = 100\text{k}\Omega$ 时的峰值频率 f_P 变为 12.6kHz。

照片 7.9 是模拟 OP 放大器的输入端的光电二极管的耦合电容，故意插入并联电容 C_P 时的频率特性。即使在 $C_P = 0$（仅光电二极管的 C_d 和 OP 放大器的输入电容 C_i）时，f_P 为 200kHz，峰值量在 12dB 以上。

连接 C_P 时，与静电容量相对应 f_P 下降，在 $C_P = 0.01\mu\text{F}$ 处下降到 $f_P = 15.4$ kHz。

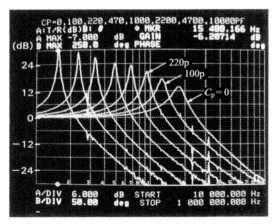

照片 7.9　模拟光电二极管的连接电容 C_P 被附加时的频率特性
的变化（$C_P = 0 \sim 0.01\mu\text{F}$，OPA111B，$R_F = 100\text{k}\Omega$，$f = 10\text{k} \sim$
1MHz，6dB/div.）

▶ 并联输入电容 C_P 大时的补偿

光电二极管的信号很微弱，因此，放大器应该安装在光电二极管的附近，用于减小噪声的影响。但是，也存在无论怎样都不能接近前置放大器的情况。这样的情况可能很少，所以传送微小电流信号时如图 7.18 所示，假设使用 100m 的同轴电缆，试求 OP 放大器的反馈电容 C_F 的值。

并联电容 C_P，如果把相当于 1m 电缆的容量设为 100pF（数据手册上记载），则 100m 就变为 10000pF。因此，C_d 和 C_i 此时可忽略。当所使用的 OP 放大器的 f_T 为 1MHz、$f_P=12.6$kHz、$R_L=100$kΩ 时，补偿电容 C_F 的值为：

$$C_F=\frac{1}{2\pi f_P R_L}=126 \text{（pF）}$$

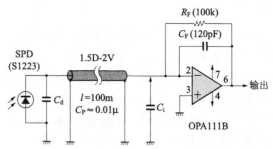

图 7.18 用同轴电缆连接发光二极管和放大器时的补偿电路的实验（并联电容 C_P 变大时的实验）

这样，$C_F=120$pF 时的实际的频率特性如照片 7.10 所示。当没有 C_F 时的特性是 $f_P\approx15.5$ kHz。这比 $f_T=1$MHz 时的计算值要高，这是因为所使用的 OP 放大器的 OPA111B 的 f_T 比 1MHz 大的缘故。

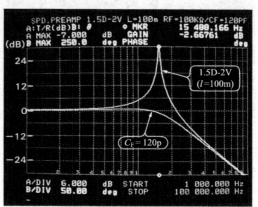

照片 7.10 连接 1.5D-2V（$l=100$m）时的放大器的频率特性
（$R_F=10$kΩ，$C_F=120$pF，$f=1$k～100kHz，6dB/div.）

通过这样的频率特性的补偿，可使由输入电容引起的大的峰值平坦化，带域幅度被改善约 15kHz。要扩大带域幅度，就要尽可能使 C_F 的电容量低。即选定 f_T 大的 OP 放大器（用 FET 输入时宽带域的 OP 放大器很少），由 2 段放大构成，在初段使反馈电阻 R_F 低电阻化，后段有必要附加具有电压增益的放大器等。

57 电流互感器的低域补偿电路

要非接触检测电流时,如果是直流,使用具有霍尔元件的电流传感器(数十 kHz 以下的交流也能检测),交流、高频信号时使用如图 7.18 所示的电流互感器(一般称为 CT)。

在图 7.19 中,贯通铁心的导线上流过的电流是从缠绕在铁心上的线圈上获得的。以 50 匝绕线的 CT 为例,2 次电流是 1 次电流的 1/50 的输出。此时,要把流过的电流$(i/50)$变换为电压信号,则需负载电阻 R_L。如果 $R_L = 50\Omega$,则 1mA 能够变换为 1mV。

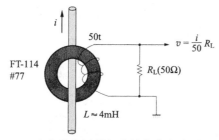

图 7.19 由电流变压器组成的交流电流-电压变换

但是当 CT 上的线圈匝数 N 少时,所得的电感 L 变小,所以电流互感器的低频截断频率 f_C 变为:

$$f_C = \frac{R_L}{2\pi L}$$

电感小时不能使用于低频信号的变换。

例如,如果圆环铁心 FT-114-77 上绕 50 匝线圈,则电感 L 约 4mH、$R_L = 50\Omega$ 处的 f_C 约为 2kHz。照片 7.11 是测定 $R_L =$

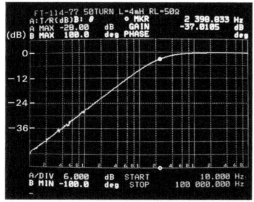

照片 7.11 CT$(L \approx 4\text{mH})$的负载电阻 $R_L = 50\Omega$ 时的低频特性

$(f = 10\text{Hz} \sim 100\text{kHz}, 6\text{dB/div.})$

50Ω 时的低频特性曲线。截断频率约 2.4kHz,在此以下的频率处成为 −6dB/oct 下降的衰减特性。

如果电感 *L* 一定,则改善低频特性需减小负载电阻 R_L,但与此同时,输出电压 *v* 也随之减小。

照片 7.12 是在图 7.19 的构成中,*f* =100Hz 时,流过 100mA$_{P-P}$ 的方波电流时的输入输出波形。由于低频特性不好,所有输出变为微分波形的形状,由此可知测定低频信号时不能使用。

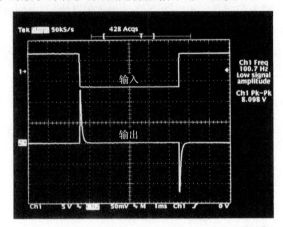

照片 7.12 CT(*L* ≈4mH)的负载电阻 R_L =50Ω 时的脉冲响应特性
（上:50mA/div., 下:50mV/div., *f* =100Hz, 1ms/div.）

但如果应用 OP 放大器的虚地短路原理,则在低频域也能使用。对此通过电流-电压变换方法进行实验。

▶ **电流互感器的低频补偿电路**

图 7.20 是将 OP 放大器 A$_1$ 作为电流输入放大器,CT 的可见负载电阻 R_L 为 0 时的电路。由此电路可大幅度改善低频的

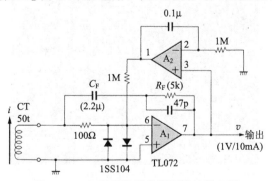

图 7.20 电流变压器的低频域补偿电路

频率特性,还有如要补偿低频域的增益,可插入反馈电容 C_F。

为防止此电路中 OP 放大器 A_1 在直流区域变成开环,在非反相积分电路 A_2(一般称为 DC 伺服电路)中,构成直流开环($f_C \approx 1.6$Hz)。此电路的输出电压 v 为:

$$v = i \cdot \frac{R_F}{N}$$

如果 $R_F = 50$kΩ,则 $i = 10$mA 可变换为 1V。

此电容 C_F 的值,由 C_F 短路时的特性决定,所以可用实验求得。与 R_F 并联放入的 47pF 的电容,是为了抑制高频特性,无特别依据。

照片7.13是本电路的频率特性(增益/相位)。C_F 短路时直

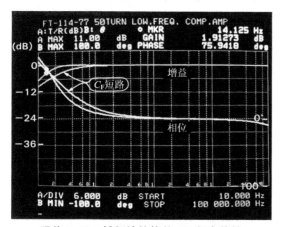

照片 7.13　低频域补偿的 CT 频率特性
($f = 10$Hz~100kHz,6dB/div.,20deg/div.)

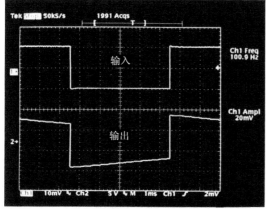

照片 7.14　低频域补偿时的 CT 的脉冲响应特性
(上:50mA/div.,下:5V/div.,$f = 100$Hz,1ms/div.)

到 $f=100\mathrm{Hz}$ 都被平坦化,如果插入的 $C_{\mathrm{F}}=2.2\mu\mathrm{F}$,则可改善到 20Hz 附近,注意减小 C_{F} 的值,相反的会产生峰值。

由于与前面所示的照片 7.11 采用同一个电缆进行测定,所以请注意研究其差值。从此可知,C_{F}、R_{F} 的截断频率 f 约 14Hz,标识点($f=14\mathrm{Hz}$)处被改善了约 3dB。

由于低频特性被改善,所以即使是脉冲响应,比较照片 7.12 的微分波形和照片 7.14,其差别很明确。

58 选择峰值保持用电容器

在使用 OP 放大器的模拟电路中,所使用的从动元件的性能左右全体电气特性的例子不少见。所以元件的选择非常重要,如何选择高性能的元件,决定工程师的水平。下面介绍其中的一例,针对由电容的特性决定差别的峰值保持电路进行实验。

图 7.21 是检测信号波形的最大值时的时序图。开始时将电路复位(检测最大值前),在下一个复位到来之前的瞬间检测并保持信号的最大振幅。图 7.22 表示电路构成。检测出的峰值用电容 C_{H} 进行模拟保持。

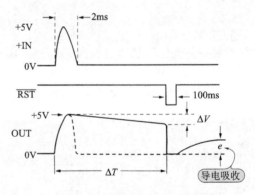

图 7.21 峰值保持电路的动作波形

但这样的电路,不能靠电容 C_{H} 永久地保持峰值电压,随着时间 ΔT 的经过,电压会下降 ΔV。电压下降的原因,是缓冲放大器的输入偏置电流 I_{B} 和保持电容 C_{H} 的绝缘电阻引起的泄漏。

复位特性也有问题。如果峰值保持电路有多通道,则为提高信号处理的吞吐量,应尽量缩短复位时间。此电路中的复位,就是使保持电容 C_{H} 短路放电,通过短路而应该变成零电位的

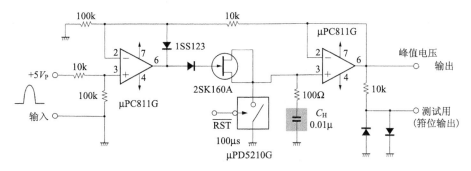

图 7.22 反馈型峰值保持电路的构成

峰值保持输出电压,实际上随着时间的经过又开始上升。

此现象称为电容的导电吸收。由于导电吸收依赖于所使用的电容的品种,所以电容的选择很重要。

图 7.22 所示的是称为反馈型峰值保持的电路。速度中等,但能得到高精度的电压保持。所用的 OP 放大器是 FET 输入型,在常温(25℃)的输入偏差电流变为 50pA。

实际试验此电路的电容的保持特性,最初将铝电解质电容和钽电解质电容除外,因为它们没有适于保持用的绝缘特性。

被用于保持用的电容的静电容量一般为 $0.001\mu F \sim 0.1\mu F$,想长时间保持时需大容量。这样在要求高速响应时,使用小容量的电容。这里用 $C_H = 0.01\mu F$ 进行测试。照片 7.15 就是用于实验的各种电容的外观。

照片 7.15 使用在峰值屏蔽电路实验中的各种电容
(从左到右,圆盘型、陶瓷、层压陶瓷、层压薄膜、聚酯薄膜、聚苯乙烯)

▶ **选择聚苯乙烯系列电容用于保持特性**

保持电路的特性,就是观察峰值保持后的电压的垂下特性,表示此垂下特性的称为定常偏差($\Delta V/\Delta T$)。所谓的定常偏差小的电容,是等价并联电阻(绝缘电阻)大的类型。一般的薄膜系列电容可表示出较好的结果,圆盘型的陶瓷电容和积层陶瓷电容都不能使用。

照片 7.16 是不好特性的典型实例。峰值电压输入虽为＋5V,但保持电压却为＋4.7V,误差很大。$\Delta V / \Delta T$ 也比其他的电容大。

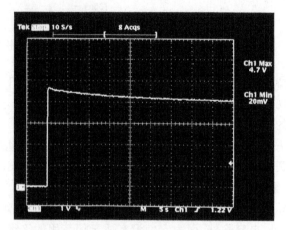

照片 7.16 使用陶瓷电容时的电压保持特性
($C_H = 0.01\mu F, V_{in} = 5V_P, 2ms, 5sec/div.$)

在保持电路中,不仅是保持特性,还需探求导电吸收现象小的电容。而不使用的电容有陶瓷、积层陶瓷、积层薄膜、聚酯薄膜。照片 7.17 是研究特性最差的圆盘型陶瓷电容的导电吸收

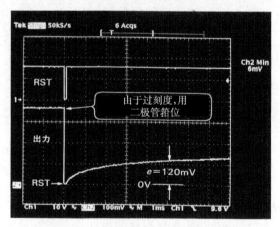

照片 7.17 使用陶瓷电容时的复位波形
($C_H = 0.01\mu F, 100mV/div., 1ms/div.$)

的曲线。复位 5ms 以后产生了 $e=120\mathrm{mV}$ 的电位。如果这个导电吸收电压大时,输入电压振幅的最小电平就会被限制,测定的动态范围就会变小。

可显示好结果的是聚苯乙烯电容和苯乙烯电容(双信电机的 QS 系列),复位后的电压几乎不变化,所以照片中止。

59　积分电路选择薄膜电容

由 OP 放大器组成的积分电路在各种各样的装置中被使用。即使不叫积分电路的名字,变调电路即 $V\text{-}F$ 变换器,A/D 变换器等电路的一部分也使用积分电路。常用的 OP 放大器的开环频率特性,由于具有积分器那样的特性(增益在 $-6\mathrm{dB/oct}$ 时下降),所以可活用其特性。

图 7.23 使用了 FET 输入 OP 放大器的 LF356N,是无任何变化的积分电路的例子。FET 输入类型的 OP 放大器,输入偏差电流小,所以可减小其作为积分器的输入电流,即设定大的输入电阻 R。如果要得到相同的积分时间常数,则应减小积分电容 C 的值。大容量的电容与小容量的电容相比,性能变差,价格也高。

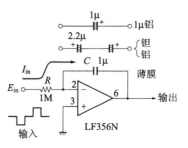

图 7.23　由 OP 放大器组成的
积分电路的一例

▶ 积分电路的正确的动作

在图 7.23 中,流入到积分电路中的电流 I_{in} 的大小,由输入电阻 R 和积分输入电压 E_{in} 决定,即

$$I_{\mathrm{in}}=\frac{E_{\mathrm{in}}}{R}$$

照片 7.18 表示图 7.23 中的积分电路的输入输出波形。当输入电压为 $-5\mathrm{V}$ 时,I_{in} 变为 $-5\mu\mathrm{A}$。此电流 I_{in} 流过积分电容,开始充电动作(输出电压变化是直线的),当输入电流变为 0 时,保持此时的电压。

当输入电压为 $+5\mathrm{V}(I_{\mathrm{in}}=5\mu\mathrm{A})$ 时,积分器输出向负电位积分,变为 $I_{\mathrm{in}}=0$ 时,输出电压再被保持。照片(a)中,积分电容使用无误的薄膜电容,所以可实现正确的动作。

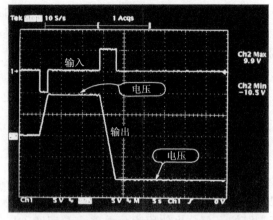

(a) 薄膜电容

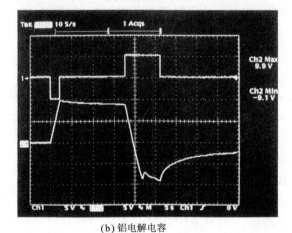

(b) 铝电解电容

照片 7.18 积分电容使用 $1\mu F$ 电容时的输入输出波形

（5V/div.，5sec/div.）

　　照片 7.18(b)和照片 7.18(a)中的电容相同，是使用有极性
铝电解电容（$1\mu F$、50WV）的输入输出波形。输入$-5V$ 时的积
分动作正常，但应保持的时间随着时间的经过电压在下降。另
外，当积分输出变成负电位时，电容上由于加有负电压，所以充
电动作很奇怪。由于绝缘电阻急剧下降（有极性的电容），所以
所保持的电位也逐渐变为 0。

　　照片 7.18(c)是直接并联 2 个 $2.2\mu F$ 的铝电解电容，使用
无极性电容时的输入输出波形。虽然负输出的响应变好，但随
着时间的经过，电压下降的倾向没有被改善。这是由于铝电解
电容的特性，绝缘电阻低即施加电压时泄漏的原因造成。高温

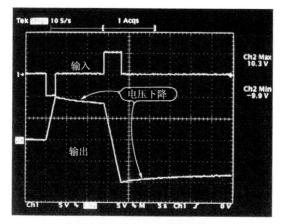

(c) 用铝电解电容2.2μ×2无极性连接

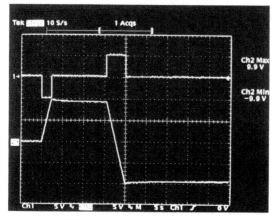

(d) 用钽电解电容2.2μ×2无极性连接

照片 7.18 （续）

时的泄漏会变得更大。

相同的电解电容,钽电解电容与铝电解电容相比泄漏就很少。照片 7.18(d) 是并联连接 2 个 2.2μF 的钽电解电容,无极性电容时的输入输出波形。电压下降率确实被改善,但还不如薄膜电容。

所以,积分等电路中使用薄膜电容是常识。

第8章
应用 OP 放大器于滤波器的实验

OP 放大器的最大特点,是可根据周围安装的元件自由演出电路的特性。因此,可利用电阻、电容,控制电路的频率特性。有代表性的是有源滤波器。滤波器的名字虽然不同,但存在可发挥相同作用的功能电路。

60 复习 RIAA 补偿放大器

唱片也是数字磁盘即 CD 时代的产物,下面我们从以前的模拟磁盘的信号处理进行复习。用于确保信号处理的 S/N (Signal Noise Ratio)的技术至今也很有价值。

录音模拟唱片时,考虑图 8.1 所示的 S/N、动态范围,强调

频率 Hz	录音 dB	再生 dB	频率 Hz	录音 dB	再生 dB	频率 Hz	录音 dB	再生 dB
20	−19.27	+19.27	500	−2.65	+2.65	9k	+12.86	−12.86
30	−18.59	+18.59	600	−1.84	+1.84	10k	+13.73	−13.73
40	−17.79	+17.79	700	−1.23	+1.23	11k	+14.53	−14.53
50	−16.95	+16.95	800	−0.75	+0.75	12k	+15.26	−15.26
60	−16.10	+16.10	900	−0.35	+0.35	13k	+15.94	−15.94
70	−15.28	+15.28	1k	0.00	0.00	14k	+16.57	−16.57
80	−14.51	+14.51	1.5k	+1.40	−1.40	15k	+17.16	−17.16
100	−13.09	+13.09	2k	+2.59	−2.59	16k	+17.71	−17.71
125	−11.56	+11.56	3k	+4.74	−4.74	17k	+18.23	−18.23
150	−10.27	+10.27	4k	+6.61	−6.61	18k	+18.72	−18.72
200	−8.22	+8.22	5k	+8.21	−8.21	19k	+19.18	−19.18
250	−6.68	+6.68	6k	+9.60	−9.60	20k	+19.62	−19.62
300	−5.48	+5.48	7k	+10.82	−10.82			
400	−3.78	+3.78	8k	+11.89	−11.89			

（a）详细电平

图 8.1 模拟记录的 RIAA 的特性

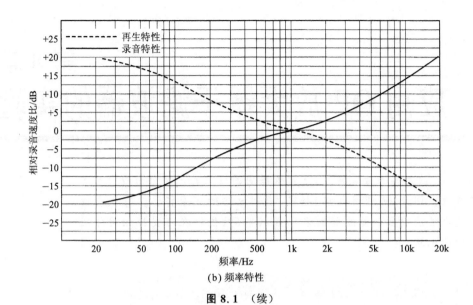

(b) 频率特性

图 8.1 (续)

高频域频率。此时的强调特性由 RIAA(Recording Industry Associ-ation of America)规格决定,唱片再生时由于强调的信号已复原,所以可通过均衡电路使其平坦化。

RIAA 均衡器的再生特性由图 8.2 所示的频率特性规定。低域的时间常数 T_1 为 $3180\mu s$,中高频的时间常数 T_2、T_3 为 $318\mu s$ 及 $75\mu s$($f=500\mathrm{Hz}$ 及 $2.12\mathrm{kHz}$)。对于 T_4 没有特别的规定,如果附加数 μs 的时间常数,在高频波会稳定动作,所以插入的例子较多。

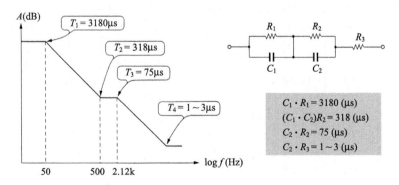

图 8.2 RIAA 均衡器的特性和基本电路

为了均衡电路网,均衡电路常将两个 RC 并联电路串联连接。在音频放大器上,将此均衡电路放入由 OP 放大器组成的高增益放大器的反馈电路中,就可控制频率特性(电路网的合成阻抗随频率而变化)。

电路常数的值,本来只要时间常数是规定值即可任意决定的,但一般情况是从容易买到的电容的角度来决定。例如以图 8.2 为例, C_1 和 C_2 的关系为

$$C_1 + C_2 = \frac{318\mu s}{75\mu s} \cdot C_2$$

受到 $C_1 = 3.24C_2$ 的限制。

如果 $C_1 = 0.01\mu F$,则 $R_1 = T_1/C_1 = 318k\Omega$, $C_2 = C_1/3.24 = 3086pF$, $R_2 = T_3/C_2 = 24.3k\Omega$,选择 $R_1 = 330k\Omega$、 $C_2 = 3000pF$、 $R_2 = 24k\Omega$。还有,均衡电路的偏差在 $\pm 0.5dB$ 之内比较理想,即使没有很严密地符合也没有关系。

对于无规定的 T_4,需要消除负反馈放大器的不稳定性。这里,由于从经验值上 $T_4 = 3\mu s$,所以

$$R_3 \approx \frac{T_4}{C_2} = 1k\Omega$$

为研究此均衡电路的特性, RC 电路的输出端为 680Ω($f = 1kHz$ 处的增益约为 $34dB$)作终端时的增益-相位特性如照片 8.1 所示。低频时电路网的电感很高,所以可得到大的衰减(放入反馈电路时增益大)。 $f = 1kHz$ 处变为约 $-34dB$。因是 RC 并联电路,故相位属超前相位(纵轴中央为 $0°$,20deg/div.)。

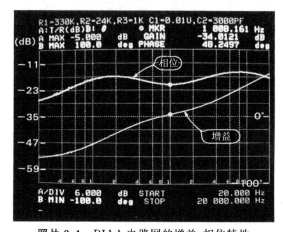

照片 8.1　RIAA 电路网的增益-相位特性
($f = 20Hz \sim 20kHz$, $R_L = 680\Omega$,6dB/div.,20 deg/div.)

图 8.3 是使用低噪声的 OP 放大器 AD797 的 RIAA 均衡放大器电路的例子。在反馈电路中插入均衡的 RC 电路,则可得到照片 8.1 所示的逆特性。

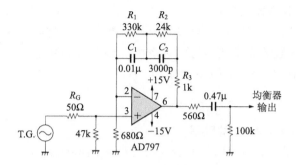

图 8.3 由 OP 放大器组成的 RIAA 均衡放大器

输入电阻 47kΩ 是 MM 型的盒式磁盘(正常品)的负载电阻,通常的值是此值左右。输出端子的 $0.47\mu F$ 及 100kΩ,可作为除去 OP 放大器的 DC 偏差及超低频来使用。

照片 8.2 是实际的电路的增益、相位的频率特性。$f=1kHz$ 处的增益为 33.6dB,$f=20Hz$ 处可得到 54dB 的高增益放大器。

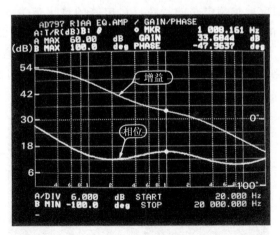

照片 8.2 由 RIAA 均衡放大器的增益-相位特性
($f=20Hz\sim20kHz$,6dB/div. ,20 deg/div.)

一般认为均衡偏差在 $\pm0.5dB$ 之内较好。这里将 1kHz(0dB)作为基准,规定在 20Hz$\sim$20 kHz 的范围内。例如 $f=50Hz$ 时为 $+16.95dB$,$f=5kHz$ 时为 $-8.21dB$,$f=15kHz$ 时为 $-17.16dB$,只要各个频率都在 $\pm0.5dB$ 之内均无问题。

61　NF 型调制控制电路

在音频放大器中的调制控制电路上,负反馈的电路上具有的频率特性,能够使低音、高音的增益发生变化(最新的使用 DSP 技术)。为了使此时的变化量能够连续可变,普遍的方法是使用 2 个电位器,即可变电阻器 VR 来作为调节低音和高音用的。

图 8.4 是在 OP 放大器的负反馈电路中,插入 RC 电路(因此称为 NF···Negative Feedback),实现低音、高音的增强和衰减的典型的例子。

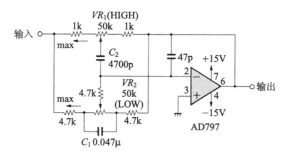

图 8.4　NF 型音色调整电路

附加在可变电阻 VR_1 和 VR_2 两端的电阻器,决定最大变化量,通常的选择范围在 $\pm 12 \sim \pm 20dB$。另外,当 VR 的滑触头位置在中央时,与反馈电路的阻抗等价,所以此时变成平坦的频率

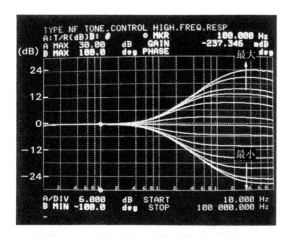

照片 8.3　音色调整电路的高频域变化特性

($f = 10Hz \sim 100kHz, 6dB/div.$, VR_2 设置在中央)

特性。在图 8.4 的电路中,VR 在左侧时,低音、高音均被增强。

高音的频率特性用 VR$_1$ 和电容 C$_2$ 的时间常数决定,低音由 VR$_2$ 和 C$_1$ 的值决定。无论哪个,都是以 $f = 1\text{kHz}$ 为中心,改变其变化特性。

照片 8.3 是将低音用的可变电阻 VR$_2$ 的滑触头设置在中央,使高音用的 VR$_1$ 在最小(min)～最大(max)之间变化时的频率特性。出现的几个曲线是由于适当设置 VR 的滑触头而重新绘制的结果。

同样的,将高音用的可变电阻 VR$_1$ 的滑触头设置在中央,使低音用的 VR$_2$ 在 min～max 之间变化时的频率特性如照片 8.4。

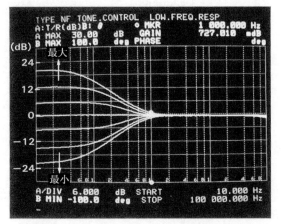

照片 **8.4**　音色调整电路的低频域变化特性

($f = 10\text{Hz} \sim 100\text{kHz}, 6\text{dB/div.}$, VR$_1$ 设置在中央)

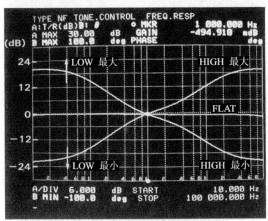

照片 **8.5**　音色调整电路的变化特性

($f = 10\text{Hz} \sim 100\text{kHz}, 6\text{dB/div.}$)

$f=10\mathrm{Hz}$ 时的变化量约 $\pm 20\mathrm{dB}$。

照片 8.5 表示的是将 VR 的滑触头设置在中央(FLAT),低音最大时高音最小及高音最大时低音最小的频率特性。由此可知 ,增益为 0dB 的频率约为 1kHz。

笔者认为几乎没有调制控制电路用于音频的设计,但如果通过在 OP 放大器的反馈电路中巧妙的使用 RC,存在可实现这样的频率特性的控制技术。

62 图形均衡器电路

用于控制音质的 NF 型调制控制电路,因仅能进行低音和高音的增强和衰减,所以不能进行细微的频率特性的补偿。

还有,如果想使可听频带域的任意频率均可变,一般使用被称为图形均衡器的装置。这里使用 DSP 的例子在不断增加,如果要使用简单的电路则使用 OP 放大器较好。

这种图形均衡器是将补偿的中心频率分割为 5～7 份,分别进行控制,由 5 个 RLC 电路组成,十分实用。分割的各个频率是以可听频率范围为对称轴均等分配而决定。

图形均衡器电路中存在各种各样的方式,这里针对图 8.5 所示的将 RLC 串联共振电路放入到反馈环中的例子进行介绍。

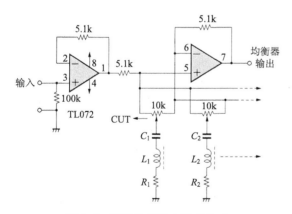

图 8.5 图形均衡器电路的构成

提起 RLC 串联共振电路,就会想到线圈,线圈的制作是很麻烦的。这里使用由 RC 电路组成的模拟电感电路,真实的电感是需要一定空间的,不易放入电路中。

图 8.6 表示 RLC 串联共振电路,若 C 为 C_1、RL 串联电路由 OP 放大器组成的模拟电感电路实现,则等价的电感 L_e 用 $L_e = C_2 \cdot R_1 \cdot R_2$,$R_1 \ll R_2$ 求得。

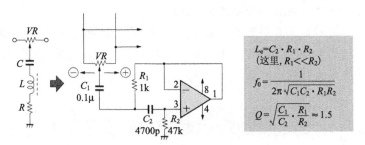

图 8.6 由模拟电感器组成的共振电路的构成

RLC 串联电路的 Q 值被电阻 R 值控制,由电阻 R_1 和 R_2 的比率加以设定。在图 8.6 的常数中,$Q \approx 1.5$,$f_0 = 1\text{kHz}$。作为参考,$f = 100\text{Hz}$、316Hz、3.16kHz、10kHz 的电路常数表示在表 8.1 中。

表 8.1　5 元件的图形均衡器常数表

频率(Hz)	$R_1(\Omega)$	$R_2(\Omega)$	$C_1(\mu F)$	$C_2(\mu F)$
100	1k	47k	1.0	0.047
316	1k	47k	0.33	0.015
1k	1k	47k	0.1	0.0047
3.16k	1k	47k	0.033	0.0015
10k	1k	47k	0.01	0.00047

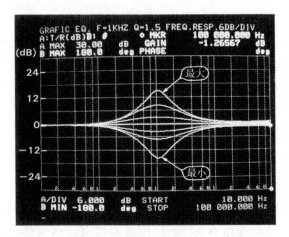

照片 8.6 图形均衡器电路的变化特性($f_0 = 1\text{kHz}$,$VR_{\min} \sim VR_{\max}$,$f = 10\text{Hz} \sim 100\text{kHz}$,$6\text{dB/div.}$)

照片 8.6 是使可变电阻器的滑触头在 min～max 之间变化时的频率特性。当 VR 设置在中央位置时，变成平坦的特性。$f_0 = 1\text{kHz}$ 时的最大变化量约±15dB。

照片 8.7 表示相位特性。它以 $f_0 = 1\text{kHz}$ 为中心相位的极性反相，VR 的 min 及 max 都上升了±45°。

这里制作了 $f_0 = 1\text{kHz}$ 的电路进行实验，但如图 8.7 所示，如

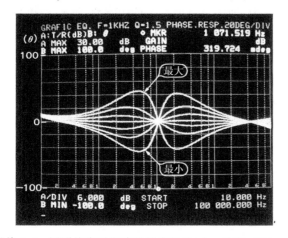

照片 8.7 图形均衡器电路的相位特性（$f_0 = 1\text{kHz}$，$VR_{\min} \sim$ $VR_{\max}$，$f = 10\text{Hz} \sim 100\text{kHz}$，$20\text{deg/div.}$）

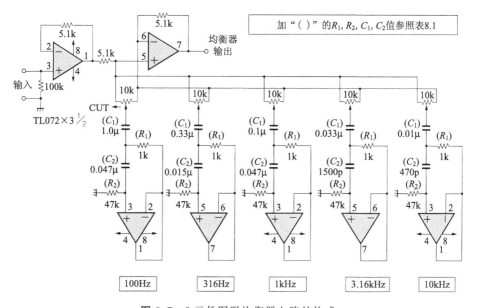

图 8.7 5 元件图形均衡器电路的构成

果将 5 个 RLC 电路并联连接（需要相同数目的可变电阻器），就能够构成实用的图形均衡器。

63 粉红噪声发生用的－3dB/oct 滤波器

粉红噪声是作为室内音响的测定用信号源使用的。粉红噪声是从白噪声，即频率特性平坦的噪声（白噪声是指平均含有各色噪声的成分）输出中，通过－3dB/oct（频率 2 倍时下降 3dB）滤波器的信号。

最简单的低通滤波器的 RC 电路 1 段的特性是－6dB/oct。为了得到－3dB/oct 的特性，需要 0.5 段。－3dB/oct 电路由 RC 电路合成得到。

图 8.8 表示的是白噪声及粉红噪声的频谱。白噪声是随机噪声，所以频谱特性平坦，而粉红噪声具有以－3dB 倍频程下降的特性。因此用滤波器实现时，需要－3dB/oct 的滤波器。

图 8.9 表示－3dB/oct 滤波器的构成。这个电路中的各常数的计算方法如下：

首先定义中心频率 f_0，然后定出 f_0 的 4 倍、16 倍及 1/4、1/16。当适用的频带为 20Hz～20kHz 时，从 $f_L = 20$Hz、$f_H = 20$kHz 得到

$$f_0 = \sqrt{f_L \times f_H} \approx 632.4\text{Hz}$$

f_0 的常数 R_3，以 $C_3 = 0.01\mu$F 为基准，求得

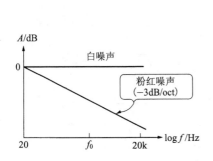

图 8.8　白色噪声和粉红噪声的频谱

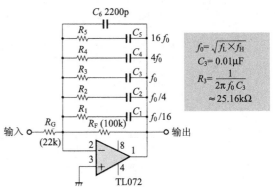

图 8.9　－3dB/oct 滤波器的构成（20Hz～20kHz）

$$R_3 = \frac{1}{2\pi f_0 C_3} \approx 25.16\text{k}\Omega$$

$4f_0$ 的常数 C_4、R_4 取 C_3 值的 $1/2$、R_3 值的 $1/2$ 时,频率正好为 $4f_0$。$16f_0$ 的常数 C_5、R_5 也同样,取 C_3 值的 $1/4$、R_3 值的 $1/4$。$f_0/4$、$f_0/16$ 也同样按照此顺序计算,计算的结果如表 8.2 所示。此表合成了 E 系列值的电阻、电容,作出各常数值。

表 8.2　构成 −3dB/oct 滤波器的 *RC* 电路的时间常数

频　率	电阻值	容量值
$f_0/16$	$R_1 = 100.6\text{k}\Omega$	$C_1 = 0.04\mu\text{F}$
$f_0/4$	$R_2 = 50.32\text{k}\Omega$	$C_2 = 0.02\mu\text{F}$
f_0	$R_3 = 25.16\text{k}\Omega$	$C_3 = 0.01\mu\text{F}$
$4f_0$	$R_4 = 12.58\text{k}\Omega$	$C_4 = 5000\text{pF}$
$16f_0$	$R_5 = 6.290\text{k}\Omega$	$C_5 = 2500\text{pF}$

电容 C_6 用作 20kHz 附近的响应调整。当 $C_6 = 2200\text{pF}$ 时会变成 −3dB/oct 的直线。反馈电阻 R_F 设置成和 R_1 相等,补偿滤波器的衰减,$R_G = R_F/A = 22\text{k}\Omega$。

照片 8.8 是合成接近各常数的计算值时的电路常数的频率特性,为 −3dB 倍频程下降的直线,改变增益 A 时,此曲线只进行平行移动。

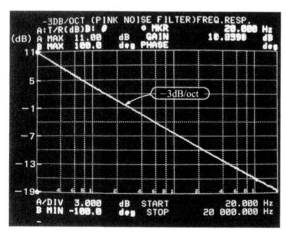

照片 **8.8**　−3dB/oct 滤波器的频率特性($f = 20\text{Hz} \sim 20\text{kHz}$,3dB/div.)

照片 8.9 是从随机二进制噪声发生器的输出上,通过 $f_C = 20\text{kHz}$ 的低通滤波器时的噪声频谱,它到 $f = 10\text{kHz}$ 之前都是很平坦的频谱。

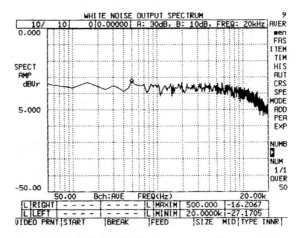

照片 **8.9**　白色噪声的频谱($f=50\text{Hz}\sim20\text{kHz},5\text{dB/div.}$)

将此信号通过-3dB/oct的滤波器时,如照片 8.10 所示,几乎都是在以-3dB/oct的斜率进行衰减的频谱。

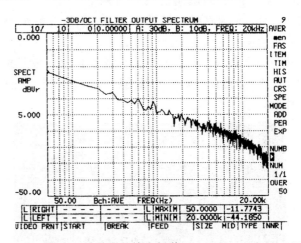

照片 **8.10**　-3dB/oct 滤波器的输出频谱($f=50\text{Hz}\sim20\text{kHz},5\text{dB/div.}$)

64　用同一常数电容构成的-12dB/oct 的有源滤波器

有源滤波器特别是低通滤波器 LPF 在信号处理电路中,最多使用的是 OP 放大器。有代表性的 12dB/oct 的滤波器的构成如图 8.10 所示。

为了要得到作为 LPF 规定的Q,电容C_1 和C_2 应为不同的值,即由$C=\dfrac{1}{2\pi f_\text{C} \cdot R}$决定的电容值,需要$C_1=2QC$、$C_2=C/2Q$ 这样的

静电电容。在图 8.10 的例子中，$C_1 = 2C_2$，即需要正好成倍比率的电容，在标准的 E6 系列中存在这种正好成倍比率的电容数值。

现实中忽视若干的 Q 的变化，例如选择 $C_1 = 0.22\mu\text{F}$、$C_2 = 0.1\mu\text{F}$（比率为 2.2：1）。但需要大的 Q 值的多段滤波器中，对电容 C_1、C_2 的要求相当严格。

这里，如果可能，要求用相同的电容实现的 LPF。

图 8.11 是在放大器 A_2 中独立设定正反馈量，获得规定的 Q 的 LPF。在此电路中，$C_1 = C_2$ 即选择了相同的数值，这样滤波器的制作就很容易。这也是笔者喜欢使用的方式。

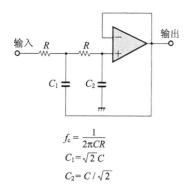

$$f_c = \frac{1}{2\pi CR}$$
$$C_1 = \sqrt{2}\,C$$
$$C_2 = C/\sqrt{2}$$

图 8.10　12dB/oct 低通滤波器
…$C_1 \neq C_1$ 实现 $Q = 0.7$ 的例子

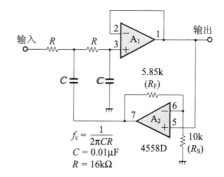

$$f_c = \frac{1}{2\pi CR}$$
$$C = 0.01\mu\text{F}$$
$$R = 16\text{k}\Omega$$

图 8.11　12dB/oct 低通滤波器…正反
馈实现 $Q = 0.7$ 的例子

如果要决定 LPF 滤波器中所需的 Q 值，则 A_2 的电压增益 A 设为：

$$A = 3 - (1/Q) \approx 1.585$$

反馈阻抗 R_F 由 $A = 1 + (R_F/R_S)$、$R_S = 10\text{k}\Omega$ 得到：

$$R_F = R_S(A-1) = 5.85\text{k}\Omega$$

即实现了 $Q = 0.707$ 的滤波器。

如果要决定滤波器的截断频率 f_c，则首先选择市场上容易买到的电容（f_c 的电抗 X_C 为数 kΩ～数百 kΩ）。其次，用

$$R = \frac{1}{2\pi f_c \cdot C}$$

计算电阻值。如果是标准 E 系列值中没有的中间值，则可采用 2 个电阻串联连接。

此种电路的特征是电阻值及电容的静电容量采用同一个常数制作滤波器，为了 Q 值的设定，需要正确的反馈量 。

另外，在图 8.10 的电路中使用的 OP 放大器的输出电阻较

大,如图 8.12 所示,存在输入信号的高频成分在输出端泄漏的现象,这可以通过用图 8.11 的方式,插入 OP 放大器 A_2,来防止以上现象的发生。

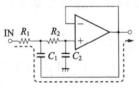

图 8.12 正反馈时高频信号向输出泄漏

照片 8.11 是图 8.10 中的反馈电阻 R_F 的值从 0Ω 变化到 $10k\Omega$ 时的频率特性。将其纵轴扩大表示为 1dB/div.。当 $R_F=0\Omega$ 时,正反馈的增益为 1,滤波器的 Q 为 0.5。$C=0.01\mu F$、$R=16k\Omega$ 时,

$$f_C=\frac{1}{2\pi CR}=1kHz$$

增益为 $-6dB$。而当 $R_F=10k\Omega$ 时,正反馈增益为 2,

$$Q=\frac{1}{3-A}=1$$

$f_C=1kHz$ 时的增益为 1(0dB)。

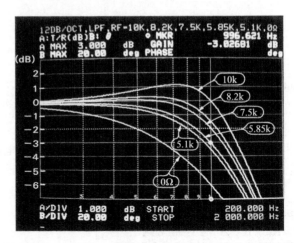

照片 8.11 改变 $-12dB/oct$ 低通滤波器的反馈电阻 R_F 时的频率特性
($f=200Hz\sim2kHz$,1dB/div.)

用巴特沃兹响应的滤波器,在 $-12dB/oct$ 的场合,设定 $Q=0.707$,则截断频率 f_C 处的增益就是大家熟知的 $-3dB$,即 $1/\sqrt{2}$。

巴特沃兹响应也称为最平坦型响应,所以有时使用在通频带内的振幅特性上不允许具有峰值的滤波器的实现上。

但是,如果想使截断频率 f_C 附近的衰减特性稍微平坦时,则需 Q 值设置得大些为好($R_F=7.5k\Omega$ 时有若干峰值),但在 $f_C=-3dB$ 处消失。

照片 8.12 表示的是 $C = 0.01\mu F, R = 16k\Omega, R_F = 5.85\ k\Omega$ 时的衰减特性。标识点处 $f = 1kHz$ 的增益约为 $-3dB$，这以上的频率以 $-12dB/oct$ 的斜率衰减。

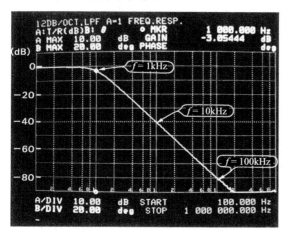

照片 8.12 $R = 16k\Omega, C = 0.01\mu F, R_F = 5.85k\Omega$ 时的 $-12dB/oct$ 低通滤波器的频率特性（$f = 200Hz\sim2kHz, 10dB/div.$）

如果将此倍频程用十进制表示，则可为 $-40dB/dec, f = 10kHz$ 处为 $-40dB$，100kHz 处为 $-80dB$ 的增益。

65 用同一常数电容构成的－18dB/oct 的有源滤波器

图 8.13 是有源滤波器的教科书内经常出现的 $-18dB/oct$ 的低通滤波器的电路构成。将 1 次（CR_1 段，即 6dB/oct）滤波器和 2 次（图 8.11 的 12dB/oct）滤波器级联，获得规定的衰减特性。在此电路中，1 次区间的电容 C_1 为：

$$C_1 = \frac{1}{2\pi f_C \cdot R}$$

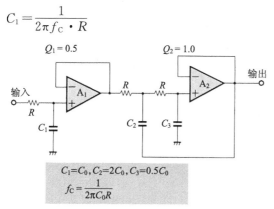

$$C_1 = C_0, C_2 = 2C_0, C_3 = 0.5C_0$$
$$f_C = \frac{1}{2\pi C_0 R}$$

图 8.13 典型的 $-18dB/oct$ 的低通滤波器

2 次区间为得到规定的 Q，需要 $C_1 > C_2$，这样必须要准备 3 种静电容量不同的电容，这是要注意的。如果电容的值相同，则元件的连接就会很容易。

要使电容的值用同一常数，可用上述图 8.11 的方法和 1 次区间级联的方式实现，但这里 RC_3 段的连接电路上加入了正反馈的方法，下面对此正反馈图 8.14 的电路进行研究。

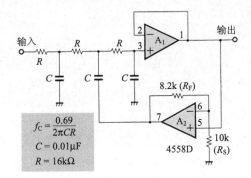

图 8.14 由同一常数构成的 —18dB/oct 的低通滤波器

此电路是 RC_3 段的构成，在 —3dB 处基准化的截断频率为

$$f_C = \frac{1}{2\pi CR}$$

只要在计算常数时加以注意就无问题。

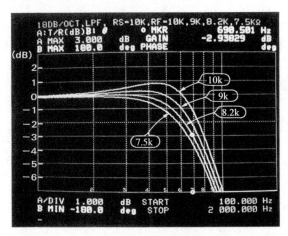

照片 8.13 改变 —18dB/oct 低通滤波器的反馈电阻 R_F 时的频率特性
（$f = 100\text{Hz} \sim 2\text{kHz}, 1\text{dB/div.}$）

而现在还不清楚在电路中用于最平坦特性的正反馈量的计算步骤,所以可用实验来求得。照片 8.13 是 $C=0.01\mu F$、$R_F=16k\Omega$(通常 $f_C=1kHz$),反馈电阻 R_F 在 7.5k～10kΩ 变化时的频率特性。标识点为 8.2kΩ 的曲线被认为是最平坦的反馈电阻值。

截断频率的系数(f_C/f_0)为 690Hz/1kHz≈0.69。用于常数计算的计算式为

$$f_C = \frac{0.69}{2\pi CR}$$

不要说测定器用滤波器,就是一般用途的滤波器在实用上也没有问题。

图 8.14 的构成与 1 次和 2 次电路级联的方法相比较,电路简单化。而且也能用同一常数构成。另外,OP 放大器 A_1 上具有增益,通过 A_1 的正反馈(省略 A_2),使 OP 放大器的个数减少了 1 个。注意这里需要通频带的增益为 1.82 倍。

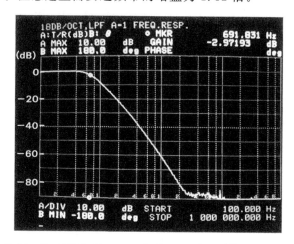

照片 **8.14** $R=16k\Omega$,$C=0.01\mu F$,$R_F=8.2k\Omega$ 时的－12dB/oct 的低通滤波器的频率特性($f=100Hz～1MHz$,10dB/div.)

另外,由于输入段采用无源 RC 电路,所以除去高频波的能力也很强。

照片 8.14 是同一常数构成的 LPF 的衰减特性,它是－18dB/oct、$f_C=690Hz$ 的特性,对于截断频率 f_C,约下降 69%($0.69f_C$),将此取为 1kHz 时,电阻 R 应设置为:

$$R=0.69\times15.92\times103\approx11\ (k\Omega)$$

由于使用了正反馈用的 OP 放大器,所以即使高频开环增益下降,其输入输出间的泄漏也会变少。

66 低通滤波器的脉冲响应

▶ 巴特沃兹和贝塞尔响应的区别

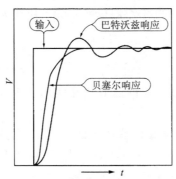

图 8.15 低通滤波器响应特性的差异

一般经常使用的滤波器的频率特性,是通频带的增益很平坦的巴特沃兹滤波器。但从脉冲响应方面来看,巴特沃兹存在问题的例子也有很多。图 8.15 表示巴特沃兹和经常与之相对比的贝塞尔响应特性的例子。

例如,为除去含有直流成分的噪声信号,使用低通滤波器时,如果使用振幅平坦的巴特沃兹型滤波器,则输出波形上会产生过冲及下冲信号,这样电压要达到常数状态的值是需要时间的。

照片 8.15 表示−12dB/oct 低通滤波器的脉冲响应特性,是 $f_C=1kHz$、$Q=0.707$ 的滤波器。照片 8.15(a)是巴特沃兹型的响应,产生 5%的过冲和下冲。一般地,频率特性平坦的放大器是不会产生过冲的,在巴特沃兹滤波器电路中,这样的脉冲响应已经恶化。

贝塞尔型滤波器针对方波形输入,具有没有过冲的特征。贝塞尔型滤波器可通过改变上述图 8.11 所示的反馈电阻 R_F 的值来实现。

−12dB/oct 的贝赛尔滤波器的 Q 为 0.577,与巴特沃兹的 $Q=0.707$ 相比是个小值。用于 $Q=0.577$ 的正反馈放大器的增益为

$$A=3-\frac{1}{Q}\approx1.267$$

所以反馈电阻 R_F 的值为:

$$R_F=10\times10^{-3}(A-1)=2.67k\Omega$$

照片 8.15(b)是−12dB/oct 的贝塞尔低通滤波器的脉冲响应。获得了平滑上升的特性的同时,上升时间 t_r 被延迟。降低设定的 Q,可改善脉冲的响应。

在−3dB 处基准化的截断频率 f_C,在 1/1.272 处(786Hz)下降。

在截断频率附近的频率,巴特沃兹型和贝塞尔型差异很明确,而高频处的特性相同。

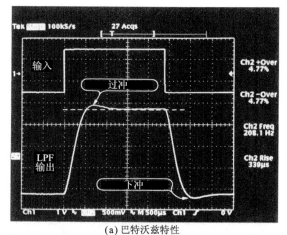

(a) 巴特沃兹特性
(f_C=1kHz, Q = 0.707, f_{IN}=200Hz方波, 500μs/div., R_F=5.85kΩ)

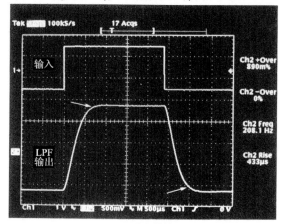

(b) 贝塞尔特性
(Q = 0.577, f_{IN}=200Hz方波, 500μs/div., R_F=2.7kΩ)

照片 8.15　－12dB/oct 低通滤波器的脉冲响应特性

　　照片 8.16 是图 8.14 所示的 18dB/oct 的低通滤波器的脉冲响应。照片 8.16(a) 是按照常数的巴特沃兹型,过冲约为 8%,整定到规定电压的时间与－12dB/oct 型相比变长。

　　图 8.14 的电路的用于贝塞尔特性的反馈电阻 R_F 约为 4.9kΩ,增益 A 为 1.49 倍。照片 8.16(b) 为那时的响应波形,和 －12dB/oct 相同可变成平滑的上升特性。

　　C=0.01μF、R=16kΩ 时的 f_C 约 690Hz,通过贝塞尔特性而使截断频率下降。

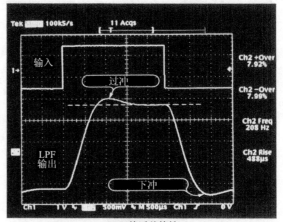

(a) 巴特沃兹特性
(f_C=690Hz, C = 0.01μF, R=16kΩ, 500μs/div.)

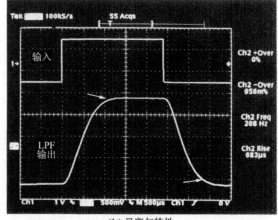

(b) 贝塞尔特性
(f_C ≈ 500Hz, C = 0.01μF, R=16kΩ, 500μs/div. , R_F=4.9kΩ)

照片 8.16 －18dB/oct 低通滤波器的脉冲响应特性

67 只改变相位的 *RC* 移相电路

在类似有源滤波器的电路中,含有控制相位的电路。这里针对被称为只改变正弦波相位的移相电路(移相器)进行实验。

▶ 最简单的移相电路

图 8.16 表示高通滤波器Ⓐ和低通滤波器Ⓑ的相位特性。其中Ⓐ的高通滤波器可在＋90°～0°之间移相,而Ⓑ的低通滤波

器可在 0°～−90°之间移相。这里虽然能够移相,但存在随着输入频率,输出振幅会改变的缺点。

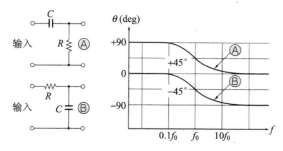

图 8.16 *RC* 电路的移相特性

这样的滤波器的特性,在

$$f_0 = \frac{1}{2\pi CR}$$

的输入频率时,输出振幅下降 3dB,移相量 θ 为:

$$\theta = -\arctan \frac{f}{f_0} = 45°$$

而Ⓑ电路中的符号变为负值。

图 8.16 的移相电路可在即使振幅变动,也不存在问题的场合和需要若干移相的场合使用。

▶ **输出振幅无变动的 *RC* 移相电路**

最常使用的移相器的相位差为 90°。在上述所示的图 8.16 的 *RC* 移相电路中,即使允许 3dB 的振幅下降,移相量也为 45°,但在使用图 8.17 所示的 OP 放大器的电路中,其特征是能够进行 0～180°、180°～0 的移相,而且输出振幅不依赖于输入频率。

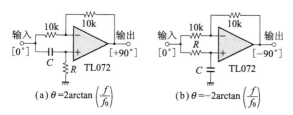

图 8.17 输出振幅一定的 *RC* 移相电路

图 8.17 表示的 *RC* 移相电路的根本,是增益 $A = -1$ 的反相放大器,将此 *RC* 电路连接在非反相输入端子。决定反相增

益的反馈电阻,如果为同一电阻值,则其值可以自由选择,现实中这里一般选为 $10\text{k}\Omega$。

图 8.17(a)的电路是能够在 $180°\sim0$ 之间移相的电路,一般地

$$f_{\text{IN}}=f_0=\frac{1}{2\pi CR},$$

多用作 $-90°$ 用途的移相。在 $f_{\text{IN}}=0$ 时,电容 C 的电抗为无限大,反相放大器(相位差 $180°$)动作,而在 $f_{\text{IN}}=\infty$ 时,OP 放大器跟随器(增益为 1.0 的非反相放大器)动作,相位差变为 0,输出振幅一定。

图 8.17(b)的电路中只替换了电容 C 和电阻 R,移相量变为 $-180°\sim0$,输入频率 f_{IN} 决定后,将此移相 $+90°$ 时的常数的计算可用下式:

$$f_0=\frac{1}{2\pi CR}$$

由此式首先决定电容 C,电阻 R 为:

$$R=\frac{1}{2\pi f_0 C}$$

为得到正确的 $+90°$ 的相位差,串联连接电阻 R 和半固定电阻器,来补偿元件的偏差。

如果要进行 $90°$ 以外的任意相位 θ 的移相,则首先决定 C 值后,再通过

$$R=\frac{\tan\dfrac{\theta}{2}}{2\pi f_{\text{IN}} C}$$

计算 R,仍要串联连接电阻 R 和半固定电阻器。

为在 $f_{\text{IN}}=10\text{kHz}$ 处获得 $\pm90°$ 的移相量,则

$$C=1000\text{pF}$$

$$R=\frac{1}{2\pi f_{\text{IN}} C}=15.92\text{k}\Omega\approx16\text{k}\Omega$$

此时的增益、相位特性如照片 8.17 所示。

在图 8.17 的电路(a)中,应该 $f_{\text{IN}}=100\text{Hz}$ 时 $\theta=+180°$,$f_{\text{IN}}=10\text{kHz}$ 时 $\theta=+90°$,$f_{\text{IN}}=1\text{MHz}$ 时几乎为 0,但现在变为若干负相位。这是由于使用的 OP 放大器 TL072 的带域不足(高频域的增益少)的原因,不是基本电路的特性。

图 8.17(b)的电路中 $f_{\text{IN}}=100\text{Hz}$ 时几乎为 0,$f_{\text{IN}}=10\text{kHz}$ 时为 $-90°$,1MHz 时为 $-180°$,产生了若干的峰值。这也是从 OP 放大器的频率特性上来的,不是基本电路的特性。

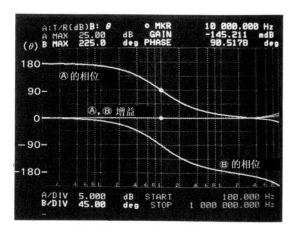

照片 8.17 90°相位移相的增益/相位-频率特性($f=100$Hz～1MHz，
5dB/div. ,45°/div. ,$C=1000$pF，$R=16$kΩ，$f_0=10$kHz)

照片 8.18 是图 8.17 的电路(a)中，$f_{IN}=10$kHz 时的输入
输出波形。由图中可知，输出波形对输入超前相位 90°，这样就
可把正弦波变换为余弦波，是很常用的电路。

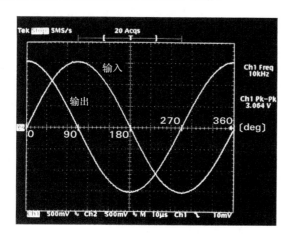

照片 8.18 ＋90°相位移位的输入输出波形
($C=1000$pF，$R=16$kΩ，$f=10$kHz)

▶ **实现自动追踪的 90°的相位移动**

当输入频率 f_{IN} 一定时，可参照如上所述实现简单的 90°的
相位移动，但要在某些频率范围内改变频率或作扫描用途时，会
稍微复杂一些。

在这样的电路中,需要连续改变移相元件的电容 C 或电阻 R,所以一般电阻可变是最简单的。

要检测输入输出的相位差 90°时,如果使用相位检测器(积分器,$\theta=90°$ 时输出为 0),检波器输出常为 0 的积分电路(积分器)能够实现。图 8.18 表示在 1k～100kHz 范围内自动追踪 90°相位滤波器的构成例子。在此电路中,积分器 ICL8013 作为相位检波器动作。

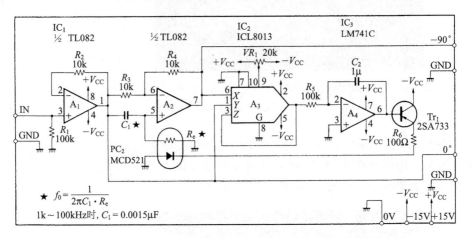

图 8.18 自动追踪 90°相位移位的电路举例

还有,这个自动追踪的 90°相位移相器,是为了表示其动作而构成的。积分器 ICL8013 目前已经不存在,所以新设计中必需从各种积分 IC 上进行适当的选择。

68 同轴电缆均衡器

同轴电缆是传送从 DC 到高频宽带的信号时所使用的。同轴电缆如果用特性阻抗作为终端,则需考虑其频率特性是否平坦。然而,实际上当电缆长时,除插入损失外,也可看到其高频特性的劣化。

以下为了进一步确认,研究长度 100m 的细同轴电缆(1.5D－2V)的频率特性。图 8.19 是用于研究的频率特性的构成。测定结果表示在照片 8.19 中(下方的曲线)。低频时有 1dB 的插入损失,而高频时 $f=10$MHz 时劣化到约 10dB。

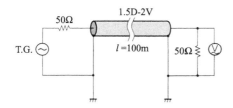

图 8.19   测量同轴电缆的频率特性

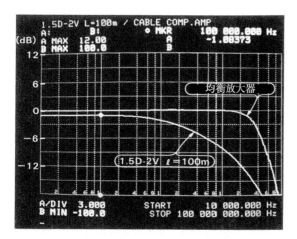

照片 8.19   同轴电缆(1.5D-2V,长＝100m 时)的
特性和电缆均衡放大器的频率特性

另外,此时的衰减曲线随着频率而衰减率变大,所以不能实
现倍频程,且补偿频率特性复杂又麻烦。

笔者用和图 8.9 所示的－3dB/oct 滤波器相同的考虑方式
进行了补偿实验,未能获得很好的补偿。

图 8.20 是同轴电缆均衡器的构成,它是补偿同轴电缆的诸
多特性的电路。此电路可进行正补偿,在反馈输入电阻侧插入

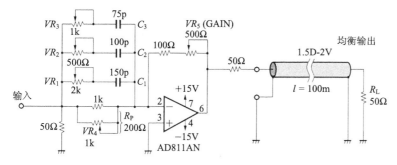

图 8.20   同轴均衡电路的构成

RC 串联电路,高频时的增益会增大。

和上述的—3dB/oct 的滤波器相比,补偿的频带狭窄,所以电容 C 的值分别为 150pF、100pF、75pF,减小了比率。

串联电阻为了适合同轴电缆的衰减特性,使用可变电阻器,一边观察频率特性直视装置或增益、相位分析器,一边进行调整。交互地调整 $VR_1 \sim VR_4$,使其最平坦化。

照片 8.19 的上方的曲线是在电缆均衡器的输出端连接同轴电缆 100m,平坦化综合频率特性的例子。—3dB 带域幅度扩大到约 30MHz。

如果再增加 RC 电路的段数,调整上补偿精度会有所提高,这里用 RC_3 段进行实验。

69 由文氏电桥构成的陷波滤波器

文氏电桥电路是具有频率选择性的代表性的桥式电路,在电子电路的教科书中经常出现。带阻滤波器(BEF)作为陷波滤波器被广泛的应用,也作为文氏电桥振荡电路被人们所熟知。

图 8.21 是由电容的串/并联电路(也称特尔曼式电路)和阻抗分压电压(R_3、R_4)构成的文氏电桥电路。

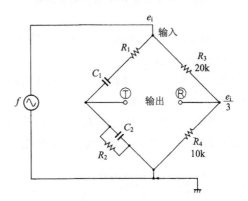

图 8.21 文式电桥电路

这种电路的平衡条件是端子 Ⓣ 和 Ⓡ 之间流过的电流为 0。在很多的例子中,由于 $R_1 = R_2$、$C_1 = C_2$,从

$$\frac{R_1}{R_2} + \frac{C_2}{C_1} + 1 = \frac{R_3 + R_4}{R_4}$$

$$\omega R_1 C_2 - \frac{1}{\omega R_1 C_2} = 0$$

求得

$$3 = \frac{R_3 + R_4}{R_4}$$

$$\omega = \frac{1}{\sqrt{R_1 R_2 C_1 C_2}}$$

所以平衡条件为

$$R_3 = 2R_4$$

$$f = \frac{1}{2\pi RC}$$

即 $R = R_1 = R_2$，$C = C_1 = C_2$。

对于输入信号 e_i 的频率响应，其端子 T 为带通特性，端子 R 平坦，对应 e_i，各衰减 $1/3$（约 10dB）。

这里如果进行端子 T 和 R 的减法运算（差动运算），则会在特定的频率 f_0 处平衡，输出变为 0。

照片 8.20 是 $f_0 = 1\text{kHz}$ 时，$C = 0.01\mu\text{F}$、$R = 16\text{k}\Omega$、$R_3 = 20\text{k}\Omega$、$R_4 = 10\text{k}\Omega$ 时的桥式电路的增益–相位特性。以端子 R 为基准（实际为 $e_i/3$）进行测定。端子 T 是宽频带响应的衰减特性，所以 T-R 间差动时，可获得具有峰值的陷波特性。

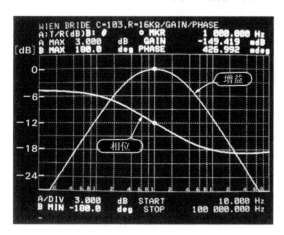

照片 **8.20**　文式电桥电路增益–相位特性（$f_0 = 1\text{kHz}$，$R = 16\text{k}\Omega$，$C = 0.01\mu\text{F}$，$f = 10\text{Hz} \sim 100\text{kHz}$，3dB/div.，20°/div.）

相位特性在 $f_0 = 1\text{kHz}$ 时为 0，$f_{\text{IN}} < f_0$ 时相位超前，$f_{\text{IN}} > f_0$ 时相位延迟。所以，应用在特定频率 f_0 处相位为 0 的特性来

形成振荡电路。

▶ 陷波滤波器的应用

图 8.21 中表示的 4 边桥式电路,如果其输入输出不是平衡电路则不能正确的动作,但如果使用平衡输出变压器和差动放大器,电路就会变得复杂化。这里如图 8.22 所示,用在桥式电路中插入 OP 放大器的方式进行实验。

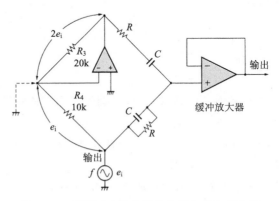

图 8.22　利用 OP 放大器的实用文式电桥电路

在此电路中 OP 放大器的反相输入(−IN)虚地,输出端子上可得到 $2e_i$ 的电压,与图 8.21 等价。

照片 8.21 是此电路的 $f_0 = 1\text{kHz}$ 时的增益–相位特性。它

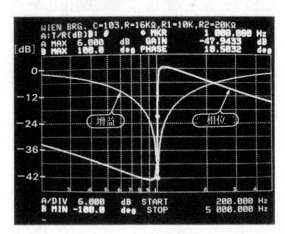

照片 8.21　使用 OP 放大器的文式电桥电路的增益–相位特性…变成带阻滤波器($f_0 = 1\text{kHz}, R = 16\text{k}\Omega, C = 0.01\mu\text{F}, f = 200\text{Hz} \sim 5\text{kHz}, 6\text{dB/div.}, 20°/\text{div.}$)

表示了在特定频率 f_0 附近增益大幅度下降的陷波滤波器的特性。但这样由于其在值零频率处的衰减很小，所以 2 次、3 次的高次谐波的误差变大，在失真率测定等的用途方面不能实用。

▶ **改善衰减特性的 Q 可变的陷波滤波器**

图 8.23 是在 OP 放大器 A_1 上加上正反馈，改善其衰减特性的例子。根据反馈电阻 R_F，Q 值可改变的电路。

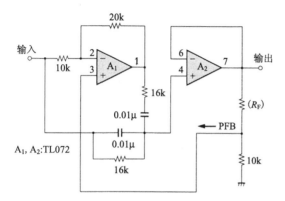

图 8.23 改善衰减特性的可变 Q 的文式电桥电路

如果减小 R_F，则可得到很大的 Q 值，实现尖锐的陷波特性。照片 8.22 表示此种电路的增益-相位特性。

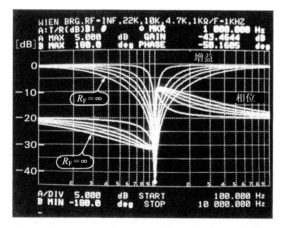

照片 8.22 可变 Q 的文式电桥电路的增益-相位特性（$R_F = \infty$，22k，10k，4.7k，1kΩ，$f_0 = 1$kHz，$f = 100$Hz～10kHz，5dB/div.，$\pm 180°$/FS）

$R_F = \infty$（无正反馈）时的增益-相位特性为宽频带响应，在 $R_F = 1$ 时，没有 2 次衰减（$f = 2\text{kHz}$）。所以这是可应用于失真率测定的特性。

70 改善陷波滤波器的对称型双 T 电路

在很多被应用于衰减特定频率为目的的陷波滤波器中，除了使用文氏电桥外，还有称为双 T（2 个 T 电路并联存在）的电路。

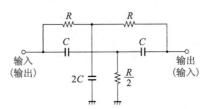

图 8.24 对称型双 T 电路的构成

图 8.24 是对称型双 T 电路的例子。仔细观察可知，可以说它是低通滤波器和高通滤波器合成的电路。在此电路中，一般在接地间放入的元件的比率采用 $2C$ 及 $R/2$ 的方法。理由是这种比率最可使衰减频率出现尖峰值，但此电路的 Q 值也降到了 0.25 的低值，零点的频率为

$$f_0 = \frac{1}{2\pi RC}$$

电路的构成极其简单，所以从电路上可知需要准备 $2C$ 的电容。笔者的作法提高了成本，用 2 个电容并联连接进行处理。

照片 8.23 是 $Q = 0.25$ 时的增益-相位特性，其成为了宽频带的衰减特性。

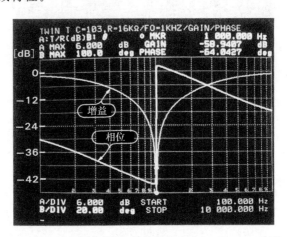

照片 8.23 双 T 电路的增益-相位特性（$Q = 0.25$，$f_0 = 1\text{kHz}$，$R = 16\text{k}\Omega$，$C = 0.01\mu\text{F}$，$f = 100\text{Hz} \sim 10\text{kHz}$，6dB/div. ,20°/div. ）

▶ **改善双 T 电路的衰减特性,改变 Q**

由无源元件构成的双 T 滤波器的衰减特性并不是很好,不能实用。作为实用的电路,如图 8.25 所示,插入缓冲放大器 A_1,将输出分压后,正反馈给双 T 电路。这样,对于分压电路的阻抗,当双 T 电路网的阻抗极高时,可省略放大器 A_2。

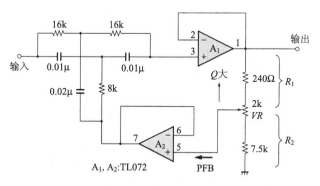

图 8.25 可变 Q 的双 T 电路

施加正反馈时的 Q 值由分压 κ 比决定:

$$Q = \frac{0.25}{1-\kappa}$$

这里,κ 为:

$$\kappa = \frac{R_1}{R_1 + R_2}$$

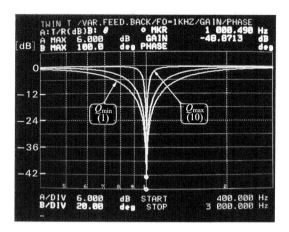

照片 8.24 可变 Q 的双 T 电路的增益-频率特性($Q = 1 \sim 10$, $f_0 = 1\text{kHz}, R = 16\text{k}\Omega, C = 0.01\mu\text{F}, f = 400\text{Hz} \sim 3\text{kHz}, 6\text{dB/div.}$)

如果需要用 Q 值决定 κ, 则

$$\kappa = 1 - \frac{1}{4Q}$$

在图 8.25 的常数中, Q 在 $1\sim10$ 之间可变。

照片 8.24 是正反馈量变化(VR 从最小$\sim$最大变化)时的衰减特性。Q 值的变化能够控制峰值, 显而易见, 相位特性如照片 8.25 所示。

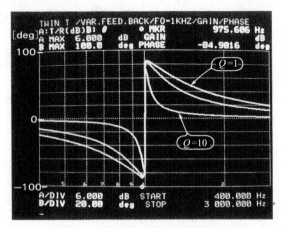

照片 8.25 双 T 电路的相位特性

($Q = 1\sim10, f_0 = 1\text{kHz}, f = 400\text{Hz}\sim3\text{kHz}, 20°/\text{div.}$)

71 减少陷波滤波器的元件的桥式 T 电路

从双 T 电路中以更少的元件数实现陷波滤波器的电路, 还有被称为桥式 T 电路等, 其应用例较少。图 8.26 是其典型的例子。替换电阻和电容的排列的电路, 由于电容的值不平衡而省略。

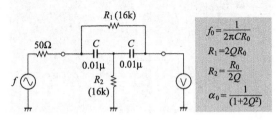

图 8.26 桥式 T 电路的构成

此电路中根据电阻 R_1 和 R_2 的比率,使衰减量最大的零点频率数发生变化。当 $R_1=R_2=16\text{k}\Omega$、$C=0.01\mu\text{F}$、$f_0=11\text{kHz}$ 时可得到大的衰减量。使用时要 $R_1 \gg R_2$,所以不是很简单。

零点频率 f_0 为:

$$f_0 = \frac{1}{2\pi R_0 C}$$

这里,因为 $R_0=R_1/2Q$,$R_0=R_2 \cdot 2Q$,所以首先确定 Q 值后,即可计算 R_1 和 R_2。于是,通过

$$Q=0.5\sqrt{R_1/R_2}$$

$$f=\sqrt{R_1 \cdot R_2}$$

又 $R_1 \gg R_2$,可得到很大的 Q 值($R_1=R_2$ 时,$Q=0.5$)。

例如,当 $f_0=1\text{kHz}$、$Q=5$、$C=0.01\mu\text{F}$ 时,因 $R_0=16\text{k}\Omega$,所以 $R_1=2Q \cdot R_0=160\text{k}\Omega$,$R_2=R_0/(2Q)=1.6\text{k}\Omega$,这样,$f_0$ 时的衰减量 α_0 变为

$$\alpha_0 = \frac{1}{1+2Q^2} = \frac{1}{51} \approx -34\text{dB}$$

照片 8.26 是 $Q=5$(R_1 和 R_2 的比为 $100:1$)时的增益-相位特性。衰减量不是尖峰的,零点的衰减量为 34.3dB,和计算值相一致。

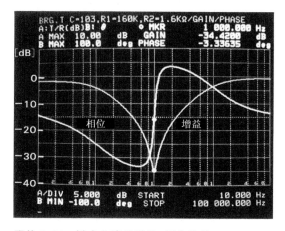

照片 **8.26**　桥式电路的增益-相位特性($Q=5$,$f_0=$ 1kHz,$R_1=160\text{k}\Omega$,$R_2=1.6\text{k}\Omega$,$C=0.01\mu\text{F}$,$f=10\text{Hz}\sim$ 100kHz,5dB/div.,$20°/\text{div.}$)

▶ 变化 R_1 和 R_2 的比率

在应用桥式 T 电路的陷波滤波器振荡电路中,我们介绍通

过改变 R_2,使频率大范围内变化。此时需注意零点的衰减量。

照片 8.27 是 $R_1=16\mathrm{k}\Omega$、$R_2=100\Omega\sim16\mathrm{k}\Omega$ 变化的频率响应。零点的频率确实为

$$f_0=\frac{1}{2\pi C\sqrt{R_1\cdot R_2}}$$

衰减特性发生了很大的变化。

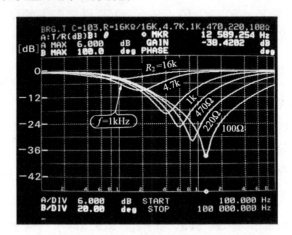

照片 8.27 桥式 T 电路的增益-相位特性
$(R_2=16\mathrm{k},4.7\mathrm{k},1\mathrm{k},470,220,100\Omega,R_1=16\mathrm{k}\Omega,C$
$=0.01\mu\mathrm{F},f=100\mathrm{Hz}\sim100\mathrm{kHz},6\mathrm{dB/div}.)$

图 8.27 是电阻 R_1 等价为高电阻值时的例子,因电阻 R_{X} 的插入,分割了输入电压。这也是用 1 个电阻在零点频率附近变化时的电路。但如照片 8.28 所示,在低频域内会产生固定的衰减。

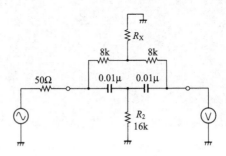

图 8.27 等价的高电阻化 R_1 值的例子

目前要知道,达到实用水平使用的桥式 T 电路是很难的。

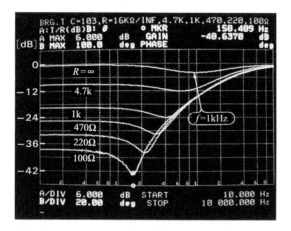

照片 8.28 桥式 T 电路的增益-相位特性($R=\infty$,4.7k,
1k,470,220,100Ω,$R_2=16$kΩ,$C=0.01\mu$F,$f=10$Hz∼
10kHz,6dB/div.)

第 9 章
有效使用二极管的电路实验

观察电子电路的印制电路板,安装了各种各样的二极管。二极管的本来作用是整流和检波,但实际上信号的限制、限幅电路、浪涌吸收、开关电路等也都有所使用。

72 研究二极管的开关特性

硅二极管应用最多的领域是如图 9.1 所示的整流电路。如果是工频电源用途,则使用时不必注意二极管的开关特性——开关速度。

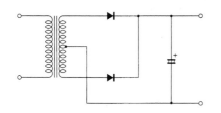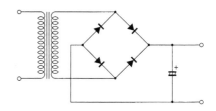

图 9.1 使用二极管的代表例——整流电路

但目前随着开关方式电源电路的增加,且开关频率的逐渐高频化,迫切需要高速的二极管。所以,作为开关电源用的二极管,经常使用被称为肖特基势垒二极管、快速恢复型的二极管。

这里,从小型二极管中分别选出用途上具有代表性的 4 种二极管来特别测出称之为开关速度的气压表的逆恢复特性。测定电

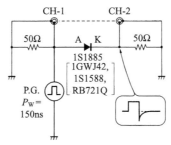

CH-1　　　CH-2

50Ω　　A　　K　　50Ω

1S1885
[1GWJ42,
1S1588,
RB721Q]

P.G.
$P_W=$
150ns

图 9.2 二极管逆恢复特性的测定电路

路如图 9.2 所示。脉冲发生器的输出以 50Ω 为终端,用示波器的 ch₁ 观察,经由二极管的信号也以 50Ω 为终端,用终端 ch₂ 观察其开关波形。这样,可以清楚的观察二极管的逆恢复特性。

▶ 一般整流用二极管 1S1885 的特性

测定的二极管的开关特性表示在照片 9.1 中。这个二极管是 100V、1A 的一般用二极管。当输入信号消失时,反向流过很大的电流,其持续时间很长(与输入脉冲幅度有关)。这样的特性使其不能使用在高速开关电路中。

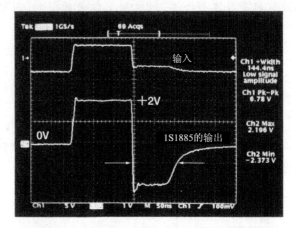

照片 9.1 一般整流二极管 1S1885 的逆恢复特性
(脉冲幅 150ns, R_L=50Ω, ch₂:1V/div. ,50ns/div.)

▶ 高速整流用肖特基势垒二极管 1GWJ42 的特性

照片 9.2 表示测定的此种二极管的开关特性。额定为 40V、1A,逆恢复时间在 35ns 以下的二极管。由于是肖特基势垒型,正向电压 V_F 很小,所以可实现的损耗的整流电路。

观察波形的照片,和 1S1885 相比,逆恢复特性得到了大大的改善。

▶ 高速开关二极管 1S1588

照片 9.3 表示测定的二极管的开关特性。它就是大家熟知的有代表性的小信号用的开关二极管。在信号的整流、二极管箝位电路等很多电路中都使用的万能二极管,逆恢复特性良好,高频域也可使用。但现在此品种将要被淘汰。

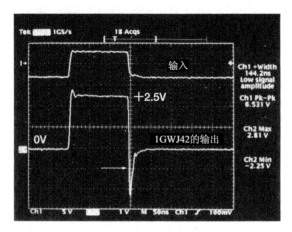

照片 **9.2** 高速整流二极管 1GWJ42 的逆恢复特性
（脉冲幅 150ns,$R_L = 50\Omega$,ch₂ :1V/div. ,50ns/div. ）

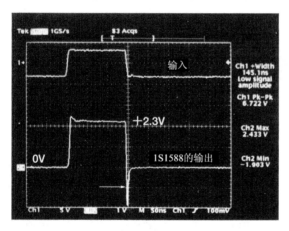

照片 **9.3** 高速开关二极管 1S1588 的逆恢复特性
（脉冲幅 150ns,$R_L = 50\Omega$,ch₂ :1V/div. ,50ns/div. ）

▶ 小信号用肖特基势垒二极管 RB721Q 的特性

照片 9.4 表示测定的二极管的开关特性。由于属于肖特基
势垒型,所以开关特性极好,但耐压($V_{RM} = 25V$)很低,额定电流
($I_o = 30mA$)也很小,所以在小信号的整流、检波、DBM（双路平
衡混频器）的二极管桥式电路等中被使用。

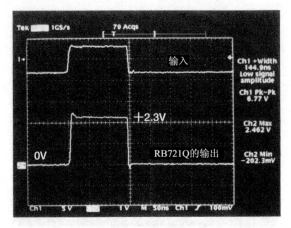

照片9.4 小信号用肖特基势垒二极管 RB721Q 的逆恢复特性
（脉冲幅 150ns, $R_L = 50\Omega$, ch$_2$: 1V/div. , 50ns/div.）

逆恢复时间极好,从数据上看只有 1ns 左右,适合小信号的高速开关。

73 OP 放大器电路的输入保护的应用

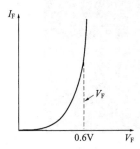

图 9.3 二极管的正向电压-电流特性（硅二极管时,正向电压为 0.5～0.6V）

二极管除了整流、检波电路使用以外,利用如图 9.3 所示的正向电压特性的电压限制（限幅、箝位）电路中也经常使用。

图 9.4 表示 OP 放大器中的输入保护电路的构成。(a)是在 OP 放大器的反相输入端（虚地）连接二极管 D_1、D_2。这样连接后,输入端即使加上电源电压以上的高电压时,也能保护 OP 放大器的输入段。

对于 OP 放大器的反相输入端子,当 OP 放大器自身线性动作时,即正常动作时发生虚地动作,但因过大的输入使输出电压饱和其关系破坏时,OP 放大器的输入端子上就会呈现出与输入电压成比例的电位。OP 放大器的电源在 OFF 时也是同样的。因此,在接受外部来的信号的电路中,这样的过电压保护是很重要的。

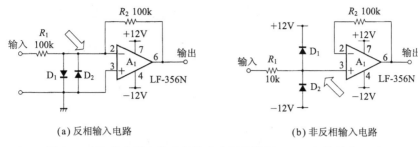

(a) 反相输入电路　　　　　　　　(b) 非反相输入电路

图 9.4 OP 放大器电路中的输入电压的限制——二极管箝位电路

　　照片 9.5 是除去图 9.4(a) 电路中的二极管,研究电源电压施加 $\pm 12\text{V}$ 以上的输入(这里为 $\pm 19\text{V}$)时的输入信号和 OP 放大器的反相输入端子的波形图。当在反相输入端子施加与输入电压成比例的电压时,根据情况的不同,过大输入电压下输入电路会破损。

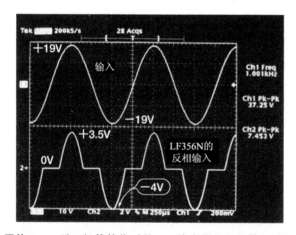

照片 9.5 无二极管箝位时的 OP 放大器的反相输入波形
($V_{\text{CC}} = \pm 12\text{V}$,LF356N,$V_{\text{IN}} = 38V_{\text{P-P}}$,$f = 1\text{kHz}$,2V/div. ,$250\mu\text{s}$/div.)

　　因此,在反相输入和非反相输入端子上连接常用的硅二极管 D_1、D_2,以正向电压 V_{F} 限制 OP 放大器的反相输入端子时,如照片 9.6 所示,反相输入端子的电位可抑制在约 $\pm 0.5\text{V}$(V_{F} = 约 0.5V)以下。当然,OP 放大器动作时可忽视 D_1、D_2 的存在。

　　图 9.4(b) 是使 OP 放大器非反相动作时的输入电压限制电路。在这个电路中,由于电源电压($\pm 12\text{V}$)以上的输入,OP 放大器的非反相输入端子的电压为正时,二极管 D_1 导通,12V 被限制在 $+V_{\text{F}}$;为负时二极管 D_2 导通,-12V 被限制为 $-V_{\text{F}}$。

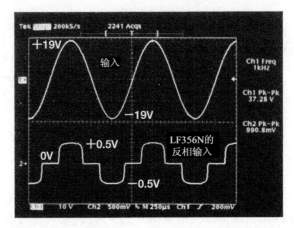

照片 9.6　二极管箝位时的 OP 放大器的反相输入波形

($V_{CC} = \pm 12V$, LF356N, $V_{IN} = 38V_{P-P}$, $f = 1kHz$, $0.5V/div.$, $250\mu s/div.$)

照片 9.7 是无二极管 D_1、D_2 时的输入电压和非反相输入端子波形。负输入时被限幅在约 $-12V$,这是由 OP 放大器输入电路的构成得到的。这里如果用 LF365N 以外的 OP 放大器情况就会不同。

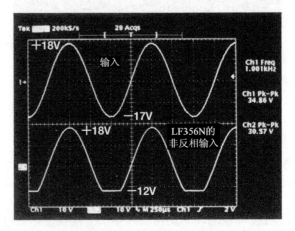

照片 9.7　无二极管箝位时的 OP 放大器的非反相输入波形

($V_{CC} = \pm 12V$, LF356N, $V_{IN} = 38V_{P-P}$, $f = 1kHz$, $10V/div.$,

$250\mu s/div.$)

照片 9.8 是用二极管 D_1、D_2,限制输入电压时的波形。由图中可知,正侧限位约 $+13V$,负侧约 $12V$。

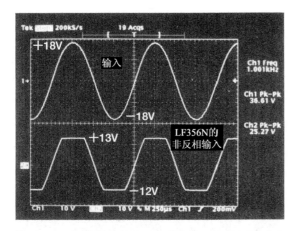

照片 9.8　二极管箝位时的 OP 放大器的非反相输入波形
($V_{CC} = \pm 12V$, LF356N, $V_{IN} = 36.6V_{P-P}$, $f = 1kHz$, 10V/div., $250\mu s$/div.)

74　限制信号幅度的常用的限幅器

作为保护目的以外使用的电压限制电路,有如图 9.5 所示
的二极管桥式电路。通过这样的电路构成,限制电压可以任意
设定。这里以限制在 ±5V 以下为例,进行说明。

在图 9.5 中,输入电压为 0V 附近时,二极管 D_1、D_3 及 D_2、
D_4 顺次被加偏压,全部的二极管均可导通。因此,在二极管桥
式电路的输出,可原封地呈现输入信号(实际上桥式电路的平衡
成立时的电压,如果 $R_1 = R_2$ 则输入信号=输出信号)。

但是如果输入电压在 +5V 附近时,二极管 D_1 不导通,D_2
的阴极电位接近 +5V。相反地,如果输入电压在 −5V 附近时,

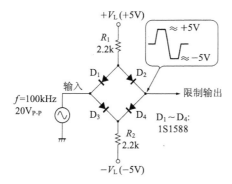

图 9.5　通用的二极管桥式限幅电路

二极管 D_3 不导通,D_4 的阳极电位接近 $-5V$。而且,输入电压在此电路中几乎被限制在 $\pm5V$。

照片9.9表示施加 $f=100kHz$、$20V_{P-P}$ 的正弦波时的输入输出波形。由图可知,输出电压被限制在设定电压 $\pm5V$ 上。还有,此电路的输出阻抗为 $1M\Omega$,但如果是低输出阻抗时,由于 R_1、R_2 引起的内部电阻会使振幅减少。

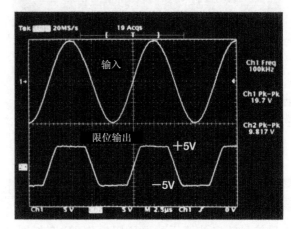

照片9.9 二极管桥式限幅电路的输入输出波形(二极管 $=1S1588\times4$,$V_L=\pm5V$,$R_L=1M\Omega$,$V_{IN}=20V_{P-P}$,$f=100kHz$,$5V/div.$,$2.5\mu s/div.$)

75 由OP放大器组成的非反相型理想的二极管电路

整流电路是电源电路中不可缺少的电路,即使电源电路以外,在交流(AC)信号变换成直流(DC)进行测定时也常使用。但要进行高精度的 AC-DC 变换时,存在由二极管的正向电压 V_F 引起的不灵敏带和 V_F 的温度系数(约 $-2mV/℃$)的问题。

因此,在必需进行高精度的 AC-DC 变换时,作为常用元件,使用 OP 放大器,在反馈环中插入二极管的理想化二极管电路。

但是,由常用的 OP 放大器组成的理想化二极管电路,由于 OP 放大器自身的频率特性的限制,只能适用于低频用途。这里,观测理想化的二极管电路的动作波形,来寻求用于高速化的电路技术。

图9.6是 OP 放大器的教科书中常见的理想二极管电路,但这种电流几乎不能实用。

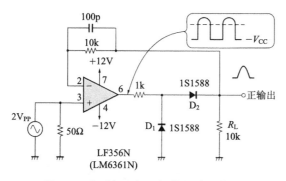

图 9.6 非反相理想二极管电路的构成

电路动作的理解就是非反相,很简单。在 OP 放大器的负反馈环中加入二极管 D_2(D_1 为箝位二极管,与基本动作无关),输出上几乎可以忽略二极管的顺方向电压 V_F。二极管的动作阻抗 r_d 也因反馈效果而变成极小值。

但是,这里的特征是 OP 放大器的开环增益极大的时候可以实现的,并且高频时有问题。高频时,如第 7 章的图 7.10 所示,OP 放大器的开环增益下降。

另外,此电路的缺点是由于负输入时,OP 放大器的输出几乎饱和在负电源电位上,所以输入信号横切零电位,二极管 D_2 不能瞬时响应。

如果所使用的 OP 放大器的通过速率很小,则输出波形的上升会延迟,使波形的混乱变大。

照片 9.10 是使用常用的 OP 放大器 LF356N 时的输出波

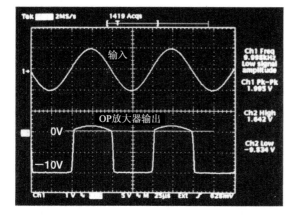

照片 9.10 非反相理想二极管电路的 OP 放大器输出波形
($f=10\text{kHz}$)($2V_{\text{P-P}}$输入,$0.5V/\text{div.}$,$25\mu s/\text{div.}$)

形。负输入时,约−10V,输出饱和(负电源电压为−12V)。OP
放大器的输出波形,由二极管 D_2 仅将正的成分整流,使从饱和
到零交叉之间的恢复时间成为问题。

照片 9.11 是通过二极管 D_2 后的输出波形。信号频率为
10kHz 时,上升的时间上出现了不灵敏区。因此,图 9.6 的电路
不能作为高频波用途,由于峰值正确,所以可以应用在附加平滑
电容的峰值整流电路中。

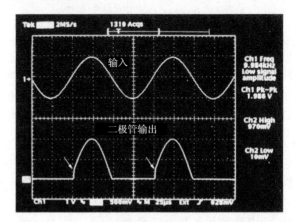

照片 9.11 非反相理想二极管电路的二极管输出波形
(f=10kHz)($2V_{P-P}$输入,0.5V/div.,25µs/div.)

照片 9.12 是使用高速的 OP 放大器 LM6361N 代替
LF356N,观察其如何变化的例子。表 9.1 表示了 LF356N 和

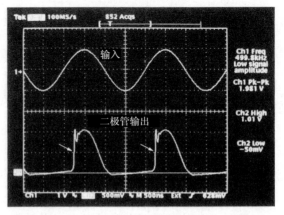

照片 9.12 OP 放大器从 LF356 变更为 LM6361N 时的输出波形
(f=500kHz)($2V_{P-P}$输入,0.5V/div.,500ns/div.)

LM6361N 的主要的特性差异。虽然改善了波形,但在 $f=$
500kHz 时的上升部分有缺口。

表 9.1 OP 放大器 LF356 和 LM6361 的差别

	偏移电压	偏移漂移	输入偏置电流	输入电阻	通过速率	增益·带域幅度
	$V_{OS}(\text{mV})$	$\Delta V_{OS}/\Delta T$ ($\mu V/℃$)	$I_B(A)$	$R_{in}(\Omega)$	$SR(V/\mu s)$	$GBW(\text{MHz})$
LF356	1	3	30p	10^{12}	12	4.5
LM6361	20	10	5μ	325k	200	35

76 反相型理想二极管电路

在非反相的理想化二极管电路中,很难实现箝位电路,不可
避免输出饱和在负电位上的现象。因此,一般的理想化二极管
由如图 9.7 所示的反相电路构成。

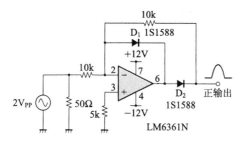

图 9.7 反相理想二极管的构成

这个电路在输入为正电位时二极管 D_1 导通,OP 放大器的
输出由于二极管的正向电压($-V_F$)而几乎饱和。此时二极管
D_2 因 $-V_F$ 而被逆偏置,电路的输出电阻 r_0 为 $10k\Omega$。

输入为负电位时,二极管 D_1 不导通,这次二极管 D_2 被正向
偏置,输出电阻 r_0 变为极小值。而且,OP 放大器的输出波形由
于箝位二极管的插入,而不能变成 $-V_F$ 以下的负电位,所以很
难受到通过速率的限制,能够高速化。

追求高速性的时候,D_1、D_2 使用正向电压小的肖特基二极
管较好。另外,所用的 OP 放大器也需要为高速类型。作为高
速 OP 放大器,应用较广泛的电流反馈型 OP 放大器由于受到
周边电阻值的制约,很难适用于理想化的二极管电路。这里用
LM6361N 进行实验。在高速电路中,减小电路的杂散电容很重

要,反馈电阻值也应该是个小值。

照片 9.13 是提高输入频率为 $500\text{kHz}(2\text{V}_{\text{P-P}})$ 时的 OP 放大器的输出波形。正输入时被箝位在约 -0.5V,负输入时变成 $+1.51\text{V}$ 的峰值,这是在信号的峰值上加上了二极管 D_2 的正向电压 V_{F} 而得的电位。在输出波形的上升部分存在若干的非线性是由 OP 放大器开环频率特性的限制而引起的。

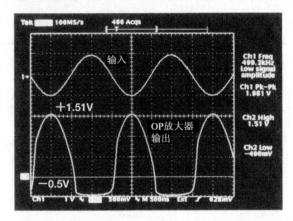

照片 9.13 反相理想二极管电路的 OP 放大器输出波形
($f=500\text{kHz}$)($2\text{V}_{\text{P-P}}$输入,$0.5\text{V}/\text{div.}$,$500\text{ns}/\text{div.}$)

照片 9.14 是通过二极管时的输出波形。当 $f=500\text{kHz}$,上升的波形变差。箭头所指为饱和状态向线性动作的过渡。要想使波形变得稍微平滑一些,则应使用正向电压 V_{F} 小的肖特基二极管。

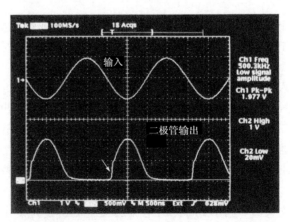

照片 9.14 反相理想二极管电路的二极管输出波形
($f=500\text{kHz}$)($2\text{V}_{\text{P-P}}$输入,$0.5\text{V}/\text{div.}$,$500\text{ns}/\text{div.}$)

当输入频率为 $f=2\mathrm{MHz}$ 时,波形变形很大的输出波形如照片 9.15 所示。此种波形已经不能认为是半波整流波形。峰值附近波形的混乱是由于受到示波器的探头的影响。

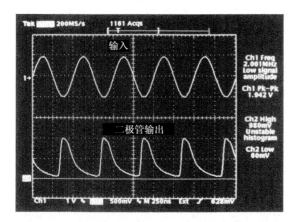

照片 **9.15** 反相理想二极管电路的二极管输出波形

$(f=2\mathrm{MHz})(2\mathrm{V_{P-P}}输入,0.5\mathrm{V/div.},250\mathrm{ns/div.})$

从负输入变成峰值时的延时是由于 OP 放大器的输出响应不好,如果将 OP 放大器换成更高速的,则具有改善的可能性。

77 使用理想化二极管的绝对值的全波整流电路

图 9.8 是 OP 放大器的教科书上可以说很好的经常提到的绝对值电路,即全波整流电路。电路是由使用了 OP 放大器的理想化二极管组成的半波整流电路 A_1 和加法电路 A_2(符号相反时为减法动作)作为基本构成的。

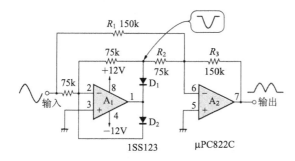

图 **9.8** 由 OP 放大器组成的代表性的绝对值电路

此电路当输入为正半周期时,二极管 D_1 导通,输出为负的半波整流波。将此信号和输入信号进行加法运算(需要 $R_2 = 0.5R_1$),得到正输出。

当输入为负时,二极管 D_2 不导通,由电阻 R_1、R_3 组成了反相放大器开始动作。

此绝对值电路在高速化时存在致命的缺点。在由 OP 放大器 A_1 构成的半波整流电路的延迟时间成为问题的高频领域,通过 A_2 进行加法运算时,波形上会产生相位移相的混乱。

照片 9.16 是 $f = 50\text{kHz}$ 时的绝对值输出波形。箭头所指输出为零电位。在输入信号的零交叉点附近,输入信号在零电位上会产生阶梯现象,但此电路的峰值电压还相同,所以是如果

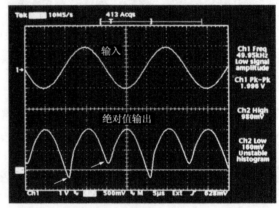

照片 9.16 绝对值电路的输出波形($f = 50\text{kHz}$)

($2\text{V}_{\text{P-P}}$输入,0.5V/div.,$5\mu\text{s/div.}$)

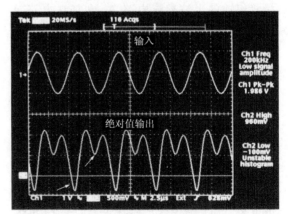

照片 9.17 绝对值电路的输出波形($f = 200\text{kHz}$)

($2\text{V}_{\text{P-P}}$输入,0.5V/div.,$2.5\mu\text{s/div.}$)

插入并联连接的 R_3 和平滑电容的平均值整流电路,可以实用,
但仍然不能在高频域使用。

作为参考,输入频率 $f=200\mathrm{kHz}$ 时的不可实用的输出波形
如照片 9.17 所示,绝对值输出上会出现不可预料的变形。

========== **专 栏** ==========

OP 放大器的开环频率特性

在理想化二极管电路、绝对值电路中,所用的 OP 放大器的开环频率
特性是一个要点。例如所用的频率上限是多少 MHz,在其频率下开环增
益是多少 dB,这都是选择 OP 放大器时所需要的。

针对有代表性的 OP 放大器,在图 9.9 所示的电路中测定其开环增
益。电源电压为 $\pm5\mathrm{V}$,OP 放大器的负载电阻为 100Ω。直流增益是 2 倍,
高频时由于旁路电容($4.7\mu // 0.01\mu$)而在开环状态下动作。

照片 9.18 是测定 5 种类型的 OP 放大器频率特性的结果。实际的电
压增益,将分别在数据上再加 6dB 的值(输出端整合为 50Ω)。

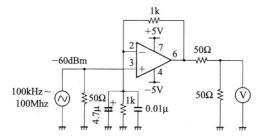

图 9.9 OP 放大器的开环增益测定电路

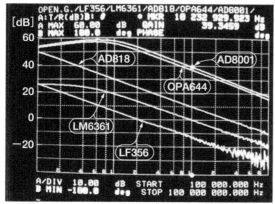

照片 9.18 代表性的 OP 放大器开环频率特性
($V_{\mathrm{CC}}=\pm5\mathrm{V}, R_{\mathrm{L}}=100\Omega, f=100\mathrm{k}\sim100\mathrm{MHz}, 10\mathrm{dB/div.}$)

78   高速化的绝对值电路

前面的图9.8的绝对值电路中波形的加减运算不能成立的原因,是因为要计算延迟了的 A_1 的输出和输入信号。如果加减运算 D_1、D_2 的输出,则相位的移相相同,是解决延迟问题的很好方法,电路如图9.10所示。

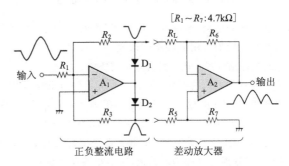

图 9.10   这样的构成,绝对值电路会如何

观察电路,好像是很整齐地动作,但实际上绝对值的输出如图所示是不平衡的。理由是由于差动放大器的输入电阻有限,受到信号源电阻(这里为 R_2 及 R_3)的影响。

当二极管 D_1 未导通时的差动放大器上来看,信号源电阻 R_2、D_2 在未导通时变成了 R_3,这样使正负输入时差动放大器的增益不同。

照片9.19是图9.10电路的输出波形。负输入时约为

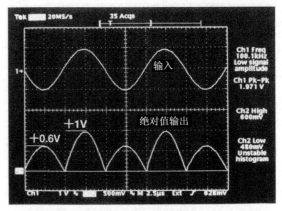

照片 9.19   附加低阻抗差动放大器时的绝对值电路的输出波形···注意输出的不平衡($f = 100\text{kHz}$,$2V_{P-P}$输入,$0.5V/\text{div.}$,$2.5\mu s/\text{div.}$)

$+0.6V_P$,正输入时约 $1V_P$,负输入的增益产生了 $1/0.6$ 倍的不足。因此,为减小差动放大器上来的信号源电阻,在二极管 D_1、D_2 的输出上,附加 470Ω 的分流电阻,并追加到波形平衡用的半固定电阻上的电路如图 9.11 的绝对值电路。

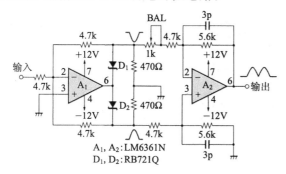

图 9.11 高速化的绝对值电路的构成举例

还有,这里为谋求高速化,使用肖特基型二极管 RB721Q,附加并联的差动放大器的反馈电阻和相位补偿电容。

照片 9.20 是 $f=1\text{MHz}$ 时的绝对值输出波形,合成的波形可以很好的动作。和前面的图 9.8 电路的输出波形相比发生了很大的变化。

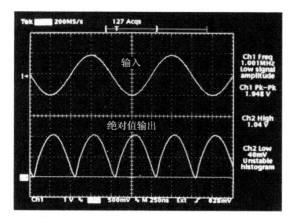

照片 9.20 调整波形平衡时的绝对值电路的输出波形($f=1\text{MHz}$)
（$2V_{P\text{-}P}$输入,0.5V/div.,250ns/div.）

作为参考,输入 $f=5\text{MHz}$ 时的输出波形如照片 9.21 所示,其绝对值输出不能回到零电位的原因,是由于差动放大器的频率特性(是否变成了低通滤波器)引起的。

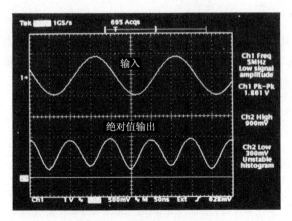

照片 **9.21** 高速化的绝对值电路的输出波形（$f=5\mathrm{MHz}$）

（$2\mathrm{V_{P-P}}$输入，$0.5\mathrm{V/div.}$，$50\mathrm{ns/div.}$）

79 使用差动放大器的高速绝对值电路

　　在先前的图 9.11 的电路中，使用 OP 放大器构成了差动放大器。但这种方式受到 OP 放大器的频率特性的限制。它使用了具有差动输入的音频放大器 EL4430 和整流电路中的电流环反馈型高速 OP 放大器 OPA644，构成了追求高速化的绝对值电路，如图 9.12 所示。

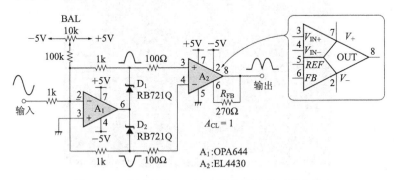

图 **9.12** 使用宽带 OP 放大器的高速绝对值电路

　　在此电路中附加到 EL4430 输入端的 100Ω 的电阻，是为了动作稳定化的。另外，$10\mathrm{k}\Omega$ 的半固定电阻是输入微小信号时调整不平衡波形用的，和原本的动作无关。

　　照片 9.22 是 $f=1\mathrm{MHz}$ 时的绝对值输出波形，可以说波形很好。而在 $f=5\mathrm{MHz}$ 时,如照片 9.23 所示,若干波形出现混乱,但输入波形的各峰值上却没有电平差。

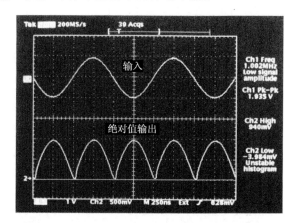

照片 9.22 高速绝对值电路的输出波形($f=1\mathrm{MHz}$)

($2\mathrm{V_{P-P}}$ 输入,$0.5\mathrm{V/div.}$,$250\mathrm{ns/div.}$)

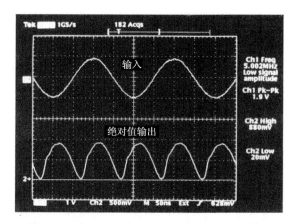

照片 9.23 高速绝对值电路的输出波形($f=5\mathrm{MHz}$)

($2\mathrm{V_{P-P}}$ 输入,$0.5\mathrm{V/div.}$,$50\mathrm{ns/div.}$)

还有,频率为 $f=15\mathrm{MHz}$ 时的波形如照片 9.24 所示。它表示了实验电路中的最好的高速性。

专栏

针对输出波形的不平衡

在绝对值电路中,成为问题的特性上,含有正负输入时的绝对值的误差。如图 9.8 所示的电路中,电阻 R_1,R_2 的比率非常重要,一般使用误差在±1%以下的电阻器。

　　另一方面,在使用图 9.12 宽频带的 OP 放大器的电路中,由于 OP 放大器的补偿电压和输入偏置电流的存在,在正负输入间会产生不平衡。尤其是电流反馈型的 OP 放大器,要注意其输入偏置电流意外地大。

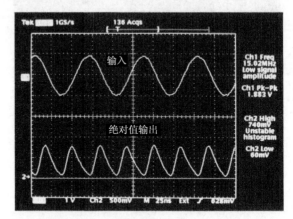

照片 **9.24** 高速绝对值电路的输出波形($f=15\text{MHz}$)

($2V_{\text{P-P}}$输入,$0.5V/\text{div.}$,$25\text{ns}/\text{div.}$)

　　照片 9.25 是图 9.12 的电路,无平衡调整电路时的绝对值输出波形。对于输入±100mV,约产生 50% 的不平衡性,通过附加补偿调整电路可解决这个问题。

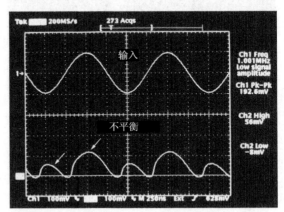

照片 **9.25** 小信号输入时的输出的不平衡($f=1\text{MHz}$)

($200\text{mV}_{\text{P-P}}$输入,$100\text{mV}/\text{div.}$,$250\text{ns}/\text{div.}$)

　　作为参考,调整后的波形图照片 9.26 所示。

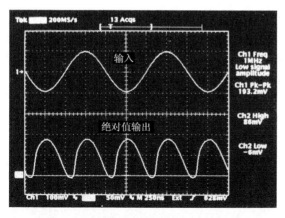

照片 9.26 调整输出的不平衡($f=1\mathrm{MHz}$)

（$200\mathrm{mV_{P\text{-}P}}$输入，$100\mathrm{mV/div.}$，$250\mathrm{ns/div.}$）

80 利用平衡输出变压器的高频响应的全波整流电路

测定交流信号电平时，将交流变换成直流的电路是整流电路。但使用二极管的整流电路中，二极管的正向电压很讨厌，因此出现了各种各样的除去二极管的正向电压影响的整流电路。

低频的全波整流电路如前所述，通过 OP 放大器和二极管的组合可以很容易的实现，但由于所用的 OP 放大器的频带很低，所以不能实现高精度的整流。

如果是不含有直流成分的高频信号的整流，则如图 9.13 所示，连接 2 个平衡输出变压器和高速整流二极管的电路极好。二

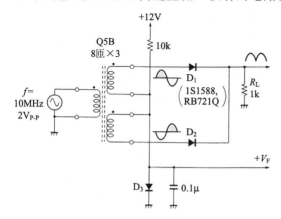

图 9.13 高频用全波整流电路的构成

极管上存在正向电压 V_F,其温度系数约 -2mV/℃。如果这里再附加二极管 D_3,则正向的上升特性的改善和温度系数相矛盾,在需要正确的 DC 电平时,使用差动放大器从输出信号上减去 V_F。

照片 9.27 表示使用常见 1S1588 型的二极管 D_1 和 D_2,D_3 短路(补偿电压为 0)时的输入输出波形。对应 1V 的峰值电压,整流输出的峰值为 0.49V,产生 0.51V 的下降。如果更换为肖特基势垒二极管 RB721Q,则下降电压会变小,但由于此电路正向电压以下的小信号不能整流,所以只能在数 V 以上的电路中使用。

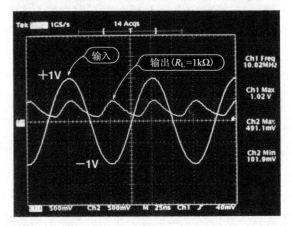

照片 9.27　无偏移时的全波整流电路的输出波形($f=10\text{MHz}$)
（二极管:1S1588,500mV/div. ,25ns/div. ）

照片 9.28 是通过 D_3 给予正向补偿电压时的输入输出波

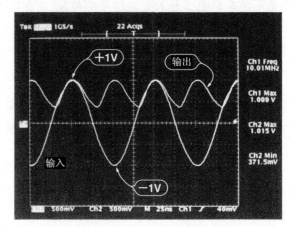

照片 9.28　偏移时的全波整流电路的输出波形($f=10\text{MHz}$)
（二极管:1S1588,500mV/div. ,25ns/div. ）

形。这里直线性被改善,但无输入信号时,输出也会残留约 100mV 的电位,所以实际上如图 9.14 所示,要注意解决差动放大器的零点漂移问题。

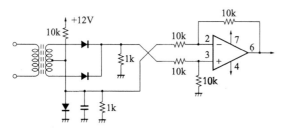

图 9.14 由差动放大器组成的零位漂移电路

81 使用肖特基二极管的 DBM 电路的构成

肖特基二极管具有开关速度很快,而且正向电压低,低耦合容量的特征。为活用其高频特性,多使用在 DBM(双重均衡混频器)电路中。

DBM 电路的应用有平衡调制、同步检波、混频等。在调制信号上给予脉冲波,进行脉冲调制;给予直流电压调制增益电路;在偏压电路上重叠调制信号的振幅调制电路等都很容易实现。图 9.15 是典型的应用举例。

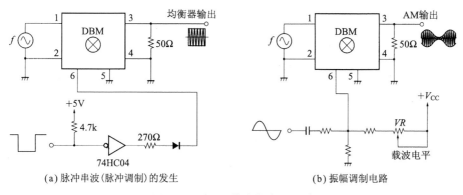

(a) 脉冲串波(脉冲调制)的发生   (b) 振幅调制电路

图 9.15 DBM 代表性应用电路

图 9.16 是由肖特基二极管组成的最基本的 DBM 电路,它由 2 组平衡变压器和二极管桥式电路(注意 $D_1 \sim D_4$ 的极性)构成,一般市场上出售的多是封装在如照片 9.29 所示的金属盒里

的 DBM。这里,我们进行自制,来研究其动作和特性。

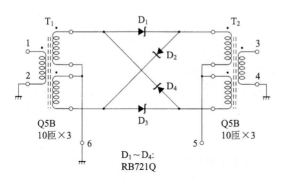

图 9.16 DBM 的基本构成

照片 9.29 市场上的 DBM 例

制作方法很简单,准备 2 个如图 9.17 所示的眼镜铁心 (Q5B,TDK 生产),同时缠绕 3 根电线(3 线绕法),然后不要弄错极性,连接二极管 $D_1 \sim D_4$。

平衡变压器的电感由所用的频带域决定,这里没有什么特别的理由,一般绕成 10 匝×3。

DBM 电路中电路的平衡至关重要。二极管 $D_1 \sim D_4$、平衡变压器 T_1、T_2 的特性都要尽可能相同,我们实验中的二极管并没有进行特殊的选择。

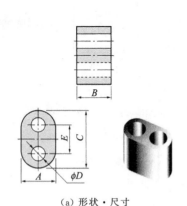

(a) 形状·尺寸

品　名	A	B	C	ϕD	E
Q5BRID3X2X5H1.2	3	2	5.2	1.2	2.6
L6RID3X2X5H1.2					
Q5BRID3X3X5H1.2	3	3	5.2	1.2	2.6
L6RID3X3X5H1.2					
Q5BRID3X5X5H1.2	3	5	5.2	1.2	2.6
L6RID3X4X6H1.2	3	4	6	1.5	3
L6RID3X10X6.5H1	3	10	6.5	1	3.5
Q5BRID6.5X4X12H3.8	6.5	4	12	3.8	5.5
Q5BRID7.5X5X13H3.8(R)	7.5	5	13.3	3.8	5.8
Q5BRID7.5X5X13H3.8(R)	7.5	7	13.3	3.8	5.8
Q5BRID8X7X15H5	8	14	15	5	7

(b)品名

图 9.17 眼镜铁心例

材质	使用频率 （MHz）	初透磁率 μ_i	损失系数 $\tan\delta/\mu_i\times10^{-6}$	饱和磁束密度 Bs(mT)	残留磁束密度 Br(mT)	保磁力 Hc(A/m)
L6	0.01 to 0.5	1500±25％	＜10(0.01 MHz) ＜60(0.5 MHz)	280 (1.6 kA/m)	105	16
Q5B	0.4 to 20	100±25％	＜25(0.4 MHz) ＜180(20 MHz)	340 (4 kA/m)	190	286

（c）材质特性

图 9.17　（续）

另外,由于使用频率高和平衡变压器的平衡不好,所以此时如果在端子1、2及端子3、4之间插入平衡–不平衡变压器(第35项)会比较有效果。

82　使用 DBM 的调制解调电路的实验

DBM 有各种各样的应用。图 9.18 是平衡调制电路的例子。这里,在平衡变压器 T_2 的中点通过 $1k\Omega$ 电阻,给予调制信号($0\sim\pm5$V 左右)。照片 9.30 是平衡调制波形,其中 ch_1 的粗线表示 $1kHz$、$10V_{P\text{-}P}$ 的调制波,而 ch_2 表示被 $10MHz$ 调制的高频信号。

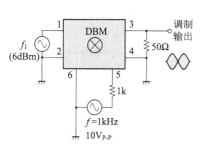

图 9.18　使用 DBM 的平衡调制
电路——平衡调制器

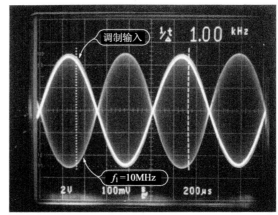

照片 9.30　平衡调制波形($f_1=10$MHz,$+6$dBm,
$f=1$kHz,用 $10V_{P\text{-}P}$ 调制时)

照片9.31是图9.18的平衡调制波形的频谱。$f_1=10\text{MHz}$是载波信号,电平变为-55dB(这里称为载波抑压度)。一方面,由于调制波为1kHz,所以输出可变换为$f_1\pm1\text{kHz}$,这里称为DSB(双侧波带)波。

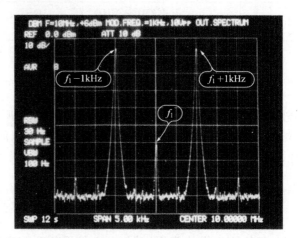

照片9.31 平衡调制波的频谱($f_1=10\text{MHz}$,$+6\text{dBm}$,中心频率$f_C=10\text{MHz}$,跨度500Hz/div.,电平:10dB/div.)

图9.18是给予直流电压代替1kHz的正弦波,实现仅增减f_1(可变增益)的动作。

如图9.19那样连接时,就成为了平衡解调,可获得输入频率f_1和f_2的差值。f_1、f_2及f_1+f_2等的高频波用低通滤波器除去。另外在相同的电路中,如果$f_1=f_2$,则各自的相位差ϕ作为$\cos\phi$的函数被输出的同步检波电路而动作。

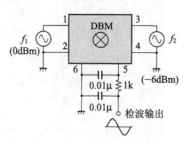

图9.19 平衡解调——同步检波电路

照片9.32是准备2台信号发生器,当$f_1=10\text{MHz}$、$f_2=10.001\text{MHz}$时的输入输出波形,正好可得到差值频率在1kHz附近的正弦波。f_2的电平为-6dB,提高电平时,波形的失真会增加。

最后,为了观察频率混合的动作,使$f_1=25\text{MHz}$(端子1、2)、$f_2=1\text{MHz}$(端子5、6),输出从端子3、4取出。照片9.33是此时的频谱。其频率被变换成$f_1+1\text{MHz}$(26MHz)和f_1-

1MHz(24MHz)，如果从这些频率中选择只能通过其和或差频率的高频带通滤波器，则可以实现频率的加法或减法运算。

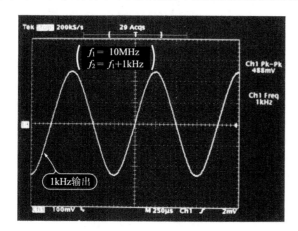

照片 **9.32** 平衡解调电路的输出波形（$f_1＝10\text{MHz}$，$f_2＝10.001\text{MHz}$，100mV/div.，$250\mu\text{s/div.}$）

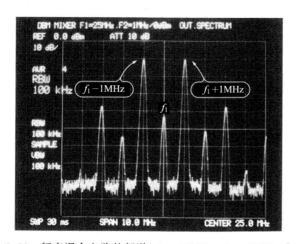

照片 **9.33** 频率混合电路的频谱（$f_1＝25\text{MHz}$，$f_2＝1\text{MHz}$，中心频率 $f_C＝25\text{MHz}$，跨度 1MHz/div.，电平：10dB/div.）

83　由 PIN 二极管组成的高频开关的构成

二极管如图 9.20 所示，随着正向电流 I_F 的大小，动作电阻 r_d 会发生变化。积极利用此特性的元件有 PIN 二极管等，它可作为高频电路用的可变衰减器、开关电路而被应用。

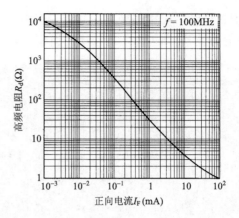

图 9.20 PIN 二极管的 r_d-I_F 特性(1SV196)

图 9.21 是 PIN 二极管的最基本的偏置法。电容 C_1 和 C_2 作为阻止直流用,大小由输入信号频率的下限决定。另外,线圈 L_1 和 L_2 是交流阻止用的扼流圈,其电感可根据频率范围选值。当控制电压 V_C 大时,即使为固定电阻器也没关系,电阻 R 值需要数百 Ω 以上。

图 9.21 所示的电路作为高频衰减器而动作。当正向电流 I_F 小时,表示高阻抗,由输入输出阻抗引起的电阻值(一般为 50Ω)的分压而获得很大的衰减量。但电路中随着衰减量的变化,衰减器的阻抗也有所变化,所以实际上使用定阻抗化的电路方式。

▶ **PIN 二极管的动作阻抗的测定**

使用阻抗分析器(HP-4194A),测定实际的 PIN 二极管的特性。这里使用的阻抗分析器其内部具有偏置电源,所以在图 9.22 的电路中,可通过程序扫描正向电压 V_F-动作电阻 r_d 的特性,自动进行测定。

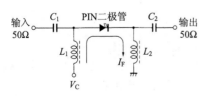

图 9.21 PIN 二极管偏移法——
到此变为衰减器

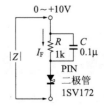

图 9.22 二极管的动作阻抗测
定(使用 HP4194A 的内藏装置)

动作电阻 r_d 和正向电流 I_F 的关系不是线性的,因 I_F 的值为 0~约 10mA,所以电阻 R 为 1kΩ。电容 C 是用于降低测定频率处的阻抗的旁路电容器。

照片 9.34 是频率 100k~10MHz 时的 V_F-r_d 特性,出现了很大程度的弯曲。PIN 二极管一般在 VHF 带(30MHz)以上的频率处使用,具有在数 MHz 以上也能够充分使用的特性。从照片 9.34 上可知,f=5、7、10MHz 几乎为同一曲线。

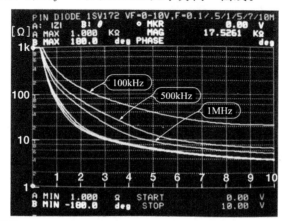

照片 **9.34** 1SV172 的动作电阻 r_d 和正向电压 V_F 的关系
(R=1kΩ,C=0.1μF,V_F=0~10V,f=100k,500k,1M,5M,7M,10MHz)

照片 9.35 是偏置一定的正向电流 I_F 时的动作电阻 r_d 的频率特性。I_F=0.1mA、f=10MHz 时约 200Ω,I_F=1mA 时约 23Ω,I_F=10mA 时约 36Ω。

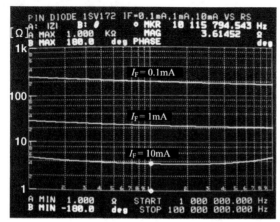

照片 **9.35** 1SV172 的动作电阻 r_d 的频率特性
(f=1M~100MHz,I_F=0.1,1,10mA)

84　T 形 PIN 二极管衰减器的构成

这里使用 PIN 二极管构成高频衰减器。

图 9.23 中为了使由于正向电流 I_F 引起的输入输出阻抗的变化减小,使用 T 形衰减电路。此种电路的特征是可以获得很大的衰减量。当控制电压 V_C 很低时,晶体管 Tr_1 的发射极电位很低,二极管 D_1 和 D_2 上流过很大的正向电流 I_F,表现为低电阻值。

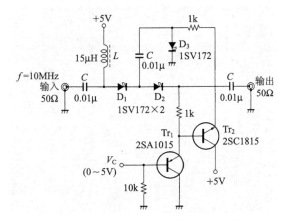

图 9.23　由 T 形 PIN 二极管组成的衰减器

另一方面,由于晶体管 Tr_2 是 NPN 射极跟随器,二极管 D_3 的 I_F 很小(大的动作电阻),所以 T 形电路的衰减量是个小值。

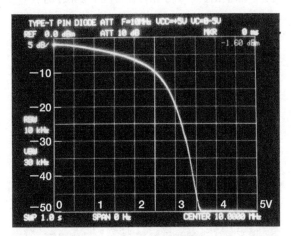

照片 9.36　由 T 形 PIN 二极管组成的衰减器的衰减特性($f = 10MHz$,
$0dBm, R_L = 50\Omega, V_C = 0 \sim 5V, 0.5V/div.$,增益 5dB/div.)

　　而且,随着控制电压 V_C 的升高,动作变成相反。因此,虽然可得到很大的衰减量(约 50dB),但不存在对应 V_C 的直线性。

　　照片 9.36 用分贝表示控制电压 V_C 在 0~5V 变化时的衰减量。因为不存在对应 V_C 的直线性,所以使用方法如图 9.24 所示,插入到 AGC(自动控制增益)开环中。

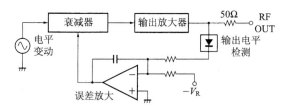

图 9.24　为有效使用,衰减器放入 AGC 环内较好

　　此外用图 9.25 所示的 π 形衰减器、桥式 T 形都能实现,必要时可使衰减量和 PIN 二极管的动作电阻一致。

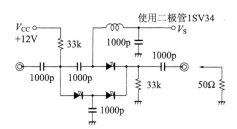

图 9.25　π 形二极管衰减器的构成

85　继电器的反冲电压的限制

　　继电器是控制电子电路中的大负载或控制系统的 ON/OFF 时所使用的便利的电子器件。最近也有替换成光耦合器、光电 MOS 继电器等的情况。但对于大负载的韧性而言,还都是用具有机械触点的继电器来实现的。

　　图 9.26 是使用晶体管的继电器驱动电路。在此电

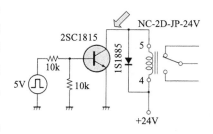

图 9.26　晶体管驱动继电器时的电路

路中继电器的线圈和二极管并联连接,如果没有此二极管,则会发生大的反冲电压,耐压低的晶体管就会破损。另外,此反冲电压会给周边的电子电路带来很大的电磁放射噪声。

　　并不一定限定于继电器,当线圈 L 在某些时间上积蓄能量后如果突然打开,都会发生高电压的脉冲。这里我们所使用的继电器(松下电工的 NC-2D-JP24V),在 1kHz 时 $L=1.8H$,直流电阻 $R=1.57k\Omega$,如照片 9.37 所示,产生了约 150V 的反冲电压。

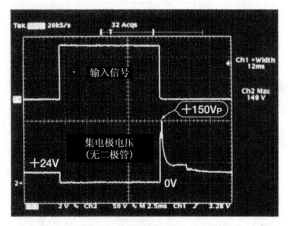

照片 9.37 继电器驱动时产生的回扫电压(继电器 NC-2D-JP24V)
($V_{CC}=24V$,50V/div.,2.5ms/div.)

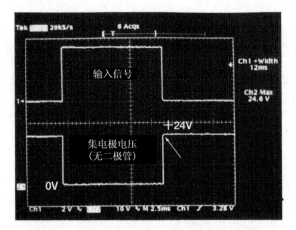

照片 9.38 二极管箝位时的集电极电压波形
(二极管:1S1885,$V_{CC}=24V$,10V/div.,2.5ms/div.)

在没有任何对策的电路中,会产生由于耐压的不足而引起的破坏、放射噪声等的问题,这样的反冲如果在继电器的线圈上连接箝位二极管来加以处理,则变成如照片 9.38 所示的被箝位的校正波形。

反冲电压虽然消失,但要注意有大电流通过二极管流入电源线路。

第 10 章
提高晶体管、功率 MOSFET 电路性能的实验

观察已完成的电子设备的电路图,会发现使用了许多和基本动作无关(实际上非常重要)的电阻器、电容等。下面我们针对电路的特性容易被所使用的电阻值、电容等左右的离散电路进行介绍。

86 稳定化射极跟随器的电阻

当想把放大器等的信号输出引到远处时,是以降低输出阻抗为目的而被使用的,如图 10.1 所示的由晶体管构成的射极跟随器电路。此射极跟随器电路容性负载时易发生振荡。特别是使用高速放大器构成如图 10.2 所示的负反馈电路时更容易发生振荡,这里有很多在电路的各处插入相位补偿电容的例子。

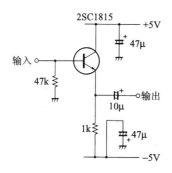

图 10.1 基本的射极跟随电路

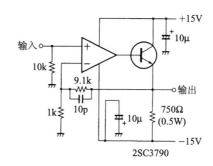

图 10.2 OP 放大器输出上附加的射极跟随电路

图 10.3 表示的单独的射极跟随器电路,虽然不至于振荡,但也存在不稳定情况,而且脉冲响应不是很好。

这种射极跟随器电路是直接串联 PNP 和 NPN 两个晶体管构成的电路。输入输出的绝缘(缓冲效果大)很好,由基极–发射

极间的电压 V_{BE} 而引起的电平移位具有能够互相抵消的特征。但这种电路的输出接容性负载时,会引入尖脉冲,使动作变得不稳定(此例中输出波形上会产生过冲)。

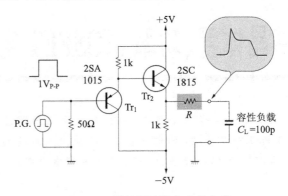

图 10.3 射极跟随器和容性负载

此时,一般要在输出端和负载间连接用于稳定化的电阻 R 来加以处理。

那么,为什么加容性负载会产生尖脉冲呢?这是由于射极跟随器的输出阻抗特性随着高频波而变高引起的。输出端上含有等价的电感,和电容 C_L 之间形成了并联共振电路,因此会产生过冲、阻尼振荡等。

尖脉冲的频率用一般的小信号用晶体管可达数十 MHz,如不细心观察波形会遗漏。

照片 10.1 是在图 10.3 的电路中,$R = 0\Omega$、$C_L = 100pF$ 时的输

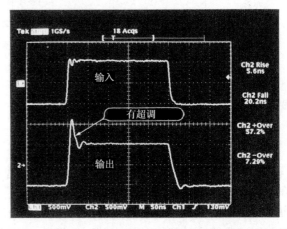

照片 10.1 图 10.3 中 $R = 0\Omega$、$C_L = 100pF$ 时的输入输出波形

入输出波形。输出的上升处有 57% 的过冲,此时的处理方法,可在 Tr$_1$ 的基极上插入电阻,这样有某种程度地改善,但如在晶体管 Tr$_2$ 的发射极和负载间插入电阻 R 的方法,会更有效果。

照片 10.2 是 $R = 33\Omega$ 时(最佳的响应值要由实验决定)的输入输出波形,此时波形可以满足要求,但上升时间的 5.6ns 到 9.8ns 之间发生了恶化。

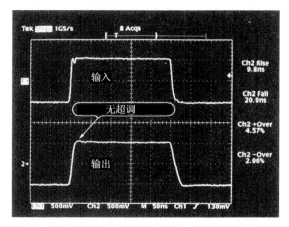

照片 10.2　图 10.3 中 $R = 33\Omega$、$C_L = 100pF$ 时的输入输出波形

下降时间在约 20ns 处无变化,这是由 Tr$_2$ 的射极电阻 1kΩ、容性负载 100pF 及输出振幅决定的时间常数。要缩短此时间,则要降低射极电阻(增大 Tr$_2$ 的集电极电流)。

87　自举提高射极跟随器的输入阻抗

Bootstrap 是一种正反馈,图 10.4 中表示了在射极跟随器电路中,将和输入电压相等的输出电压反馈给输入侧的例子。它是现今不怎么使用的一种方式,是在不能提高晶体管电路的输入阻抗的时代所经常使用的。

图 10.4(a) 是在晶体管的基极施加 $+V_{CC}/2$ 的固定偏置电路。由于是射极跟随器电路,所以输入阻抗 Z_{IN} 应该约为 15kΩ。这是因为射极跟随器自身的输入阻抗非常高,所以变成了与其并联 $(R_3 + R_1//R_2)$ 插入的形式。

如果 $R_1 \sim R_3$ 使用更高的电阻值,会使 Z_{IN} 更高,但实际上由于要流过基极电流,所以是有限制的。当然使用 FET 放大器会更有效果。

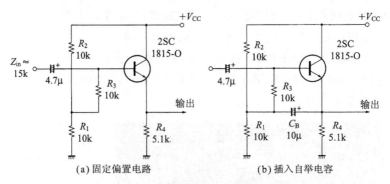

(a)固定偏置电路　　　　　　(b)插入自举电容

图 10.4 提高射极跟随器的输入阻抗

图 10.4(b)是从晶体管的射极输出向偏置电路插入自举电容 C_B 的例子。在 R_3 上流过的信号电流(直流时流过 I_B),由于基极-发射极间同电位,变得几乎不流过电流,结果使交流的输入阻抗变高。

照片 10.3 是测定图 10.4 所示的射极跟随器电路的输入阻抗。通常的固定偏置电路和插入自举电容时的差值会从 15kΩ 上升到 200kΩ。

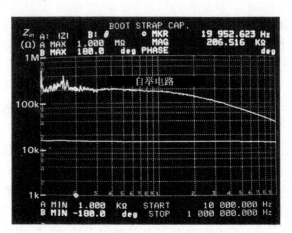

照片 10.3 自举电路的输入阻抗-频率特性($f=10$k～1MHz,$Z_{in}(\Omega)$)

图 10.5 是应用于低频功率放大器等电路中的自举电路的例子。通过提高晶体管 Tr_1 的交流负载电阻,而增大增益。

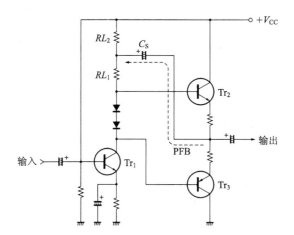

图 10.5　提高集电极负载电阻,增大开环增益的例子

88　晶体管开关电路的加速电容器

▶ 饱和开关的问题点:OFF 延时时间

　　如图 10.6 所示,使场效应晶体管开关动作时,加给晶体管的基极电流 I_B 是比 $I_B = I_C/h_{FE}$ 决定的值大的电流。这是由于晶体管的集电极-发射极饱和电压 V_{CE}(set)减小,使晶体管的 ON 时的电力损耗降低的缘故。

　　这样,晶体管饱和动作时,如图 10.7 所示,基极电流 I_B 即使为 0,晶体管也不能立刻 OFF,集电极电流在积蓄(strage)时间 t_{stg} + 上升时间 t_r 之后才变为 0($t_{off} = t_{stg} + t_r$)。

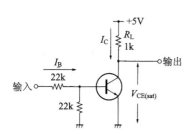

图 10.6　基本的晶体管开关电路

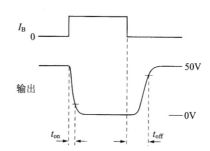

图 10.7　为使开关高速,减小 t_{off} 很重要

用于 OFF 晶体管的时间 t_{off} 比用于 ON 的时间 t_{on} 要长,而且根据驱动基极的条件变化很大,这在高速开关电路中必需注意。

▶ 开关动作的实验

图 10.8 表示晶体管的开关电路。下面使用高耐压的开关晶体管 2SC2534($V_{CEO}=500\text{V}$ $I_{C(max)}=2\text{A}$),负载电阻 $R_L=51\Omega$ 时的 1A 电流进行开关动作。基极电阻 R_B 为 100Ω,为使晶体管充分饱和动作,基极电流 I_B 应为 50mA(用电流探头测定,变化脉冲电压合成)。

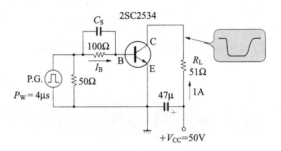

图 10.8 晶体管的开关特性测定电路

照片 10.4 的上侧(ch$_1$)是输出电压波形。当晶体管 ON 时,集电极电压 V_{CE} 下降。下侧(ch$_2$)是观测的基极电流波形(50mA),但基极电流 $I_B=0\text{A}$ 时也不能立刻 OFF,约 $1.2\mu\text{s}$ 后 OFF。这样的状态作为高速开关电路是存在问题的。

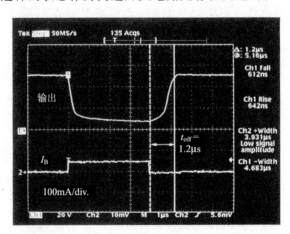

照片 10.4 2SC2534 的开关特性——无升速电容
($V_{CC}=50\text{V}, R_L=51\Omega, I_B=50\text{mA}, R_B=100\Omega$)

要使晶体管的开关更高速的动作,一般在基极电阻 R_B 上并联连接电容 C_S(称为加速电容器)。

照片 10.5 是 $C_S=0.01\mu F$(实验的最佳值)时的开关波形。通过加上 C_S,t_{off} 由 $1.2\mu s$ 缩短为 $0.42\mu s$,t_f 从 $0.6\mu s$ 改善为 $0.16\mu s$,t_r 从 $0.64\mu s$ 改善为 $0.27\mu s$。观察此时的基极电流 I_B 的波形可知,ON/OFF 时会发生过驱动,这是因为为改善 t_{off},将晶体管内的储蓄电荷以逆电流形式引入的原因所致。还有,如果 C_S 的值过大,相反的 t_{off} 会变长。

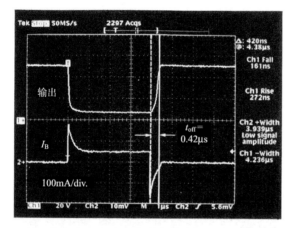

照片 10.5 2SC2534 的开关特性——有升速电容
($V_{CC}=50V, R_L=51\Omega, I_B=50mV, R_B=100\Omega, C_S=0.01\mu F$)

89 MOSFET 中加速二极管的效果

功率 MOSFET 与场效应晶体管相比,可以说速度较快,其原因是由于用于 ON 的时间 t_{on} 及下降时间 t_f 较快。一般的是努力加快上升时间 t_r 及下降时间 t_f,但实际上 t_{off} 更重要。

MOSFET 是双极型的没有载流子积蓄时间,因此可以高速,但它用于 OFF 的时间 t_{off} 存在,这个是低速的。

功率 MOSFET 的开关特性根据门驱动电路、条件变化很大,所以要进行高速的开关动作,需要很多的知识。

图 10.9 是将高耐压的功率 MOSFET 2SK894(500V、8A),采用和前面的晶体管相同条件地进行开关时的电路。门极电阻 R_G 为 100Ω(此值并不是最适合的,这里是为了比较测试)。

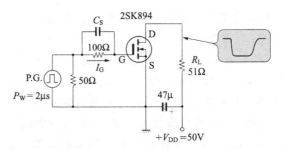

图 10.9 功率 MOSFET 的开关特性测定电路

MOSFET 的门驱动电路,如果不能在门极-源极之间对电容 C_{iss} 进行高速地充放电,则不能活用 FET 的高速开关特性。照片 10.6 是开关时漏极输出波形和门极驱动输入电流 I_G(门极电压 $V_{GS} \approx 7V$) 的波形。注意当 $V_{GS} = 0V$ 后,MOSFET 到达 OFF 的时间 t_{off} 拖长 820ns。

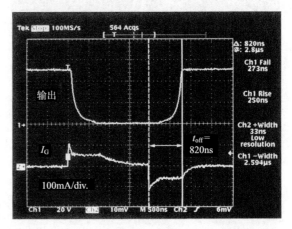

照片 10.6 2SK894 的开关特性——无升速电容
($V_{DD} = 50V, R_L = 51\Omega, R_G = 100\Omega$)

ON/OFF 的过渡时间(与 R_G 和 C_{iss} 有关)里,流过约 50mA 的门极电流,此时间约 800ns。不缩短这个时间就不能改善开关特性。通过波形的观察可知,t_f 值、t_r 值都和附加加速电容器的场效应晶体管(照片 10.5)程度相同,所以不能称为高速。

照片 10.7 是并联连接 $R_G = 100\Omega$ 和 $0.01\mu F$ 的加速电容器时的开关波形。漏极输出波形的 t_f、t_r 值约 100ns,而 $t_{off} = 240$ns,实现了高速化。如果制作出合适的门驱动电路,则可更加高速化。

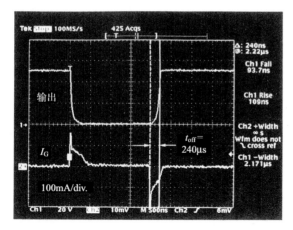

照片 10.7 2SK894 的开关特性——有升速电容
($V_{DD}=50V, R_L=51\Omega, R_G=100\Omega, C_S=0.01\mu F, V_{GS}=7V$)

观察此时的门输入电流波形,通过加入 C_S,FET 的输入电容 C_{iss} 的充电时间被缩短。

90 150W 级功率 MOSFET 的门驱动电路

作为高速的开关器件,功率 MOSFET 比较被注目。要充分地使用它,就必须非常清楚其门驱动电路。

功率 MOSFET 在直流～低速开关用途上,与以往的场效应晶体管相比,易于驱动是其最大的特色。但如要在高频时实现高速开关动作,则因门输入阻抗低而非常困难。教科书上提到过功率 MOSFET 的输入阻抗极高,但那是有适用条件的。

图 10.10 是用于测试功率 MOSFET(2SK1379)的开关特性的电路。试验中使用的 2SK1379(东芝)是 60V、50A,漏极损耗 150W,$g_m=25\sim35S$ 的功率开关器件。注意其输入电容 C_{is} =3600pF、反馈电容 C_{rs}=1000pF。使用此 FET,研究其门极上直接串联连接的电阻 R_G 对特性带来的影响。

MOSFET 实质上是高速开关器件,受到输入输出间的耦合、配线等的寄生电感的影响,具有动作不易稳定的性质。因此,门极电阻 R_G 的插入不可缺少,随着 R_G 的提高,开关的时间变慢。那是因为存在门输入电流对门输入电容 C_{is} 进行充放电的时间常数。越高速的开关,越需要大的门输入电流。

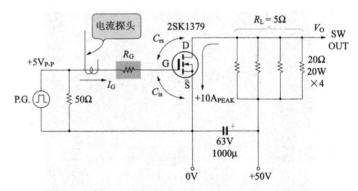

图 10.10 150W 功率 MOSFET 开关特性测定电路

一方面,OFF 开关时,如果不将门极储蓄的电荷引入到驱动侧,就不能 OFF。

实验电路中测定门电流时用电流探头夹紧(带域幅度 DC～50MHz)。为了观测门极端子流过的电流 I_G 而插入。负载电阻 R_L 以 50V、10A 开关,$R_L = V_O/I_O = 5\Omega$(4 个 20Ω 并联)。

照片 10.8 是通过 $R_G = 50\Omega$,将 $5V_{P-P}$、$45\mu s$ 的脉冲进行开关时的输出波形 V_O 和门极输入电流 I_G 的波形。

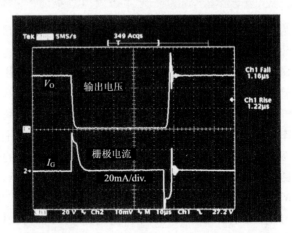

照片 10.8 由 2SK1379 组成的开关——输出电压波形和栅极电流波形

门极电流的峰值略小于 $40mA$,$I_G \approx 0$ 的时间为 $5\mu s$。

输出波形的下降时间略小于 $1\mu s$,上升时间几乎相同。另外,开关 OFF 时,也流过 $40mA$ 的门极电流(电流方向相反)。驱动电路消耗的电力是此电流波形的积分值,高频时也不能忽视驱动电路的电力。

这里没有照片，$R_G = 100\Omega$ 时的上升、下降时间为 $1.8\mu s$、$2\mu s$，$I_G = 25mA$（峰值），$R_G = 200\Omega$ 时为 $3.1\mu s$、$3.2\mu s$，$I_G = 15mA_{PEAK}$，如果减少峰值电流，则开关特性会变差。

照片 10.9 是 $R_G = 600\Omega$ 时的波形。输出电压波形也不理想。一方面，由于门极电流波形虽然减少到 $7.5mA_{PEAK}$，但电流流过的时间（时间常数）变长。输出波形 OFF 时的阻尼振荡现象少，所以只能适用于低速开关。

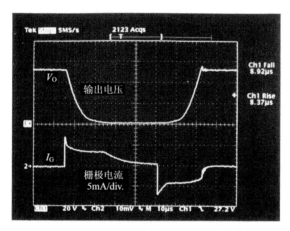

照片 10.9 由 2SK1379 组成的开关…输出电压波形和栅极电流波形（$R_G = 600\Omega$）

综上所述，实现高速开关时，需要驱动电路的最大输出电流大（最好是推挽的射极跟随器），上升时间及下降时间短的驱动波形。

91 250W 级功率 MOSFET 的门驱动电路

前面实验的功率 MOSFET 是漏极损耗 150W 的器件。下面，针对大容量的功率 MOSFET 进行实验。

这里，使用 2SK1522（$P_D = 250W$、$V_{DS} = 500V$、$I_{DS} = 50A$、$C_{iss} = 8700pF$、$C_{rs} = 235pF$、$R_{ON} = 0.11\Omega_{max}$；日立制造）。门极输入电容是 2SK1379 的几倍。

实验电路中为观测门极电流 I_G 及漏极电流 I_D 的波形，夹紧探头（图 10.11、照片 10.10）。负载电阻因绕线系统中的电阻器可能会产生阻抗振荡，所以并联连接 8 个 3W、200Ω 的氧化金属薄膜电阻，当用于开关的输入占空比极小不能测定时就会发热。

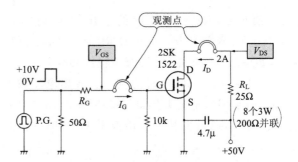

图 10.11 250W 功率 MOSFET 的开关特性测定电路

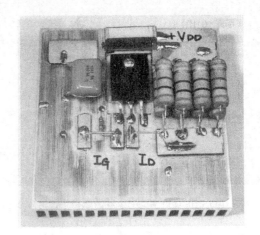

照片 10.10 功率 MOSFET 的特性测定电路

观察驱动电路的特性之前,使用脉冲发生器,研究对门极电阻 R_G 的开关的依赖性。

照片 10.11 是图 10.11 的测试电路中,$R_G = 0\Omega$(脉冲发生器的终端电阻为 50Ω)时的门极-源极间电压 V_{GS}、漏极-源极间电压 V_{DS} 的开关波形。这里为进行直观的比较,实验电路的测定条件固定(脉冲幅度 $10\mu s$、时间轴 $2.5\mu s/\mathrm{div.}$)。

从波形照片可知,V_{GS} 波形上升很快,高速时 FET 为 ON。V_{DS} 波形在 V_{GS} 的 OFF 后延迟 $1.2\mu s$ 才 OFF。此时间称为关闭延迟 t_{dOFF},是高频开关电路中重要的因素。

照片 10.12 是 $R_G = 100\Omega$ 时的开关波形。大致的样子发生了变化。ON 时由于通过信号源阻抗对 MOSFET 的门输入电容进行充放电,所以 ON 时的延迟时间 t_{dON} 变长。饱和时的 V_{GS} 波形的上升变慢,OFF 的延迟也变得相当大。漏极电压的 t_f(ch$_2$ Fall)、t_r(ch$_2$ Rise)在图面的右上方表示。

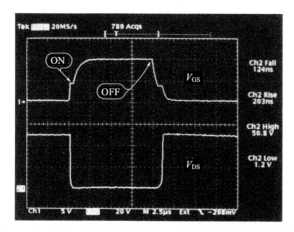

照片 10.11 由 2SK1522 组成的开关——栅极波形和输出电压波形
($V_{DS}=50V, R_L=25\Omega, R_G=0\Omega, ch_1:5V/div., ch_2:20V/div.$)

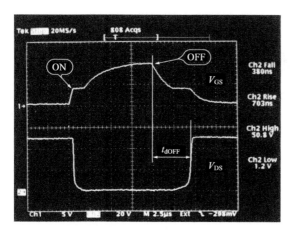

照片 10.12 由 2SK1522 组成的开关——栅极波形和输出电压波形
($V_{DS}=50V, R_L=25\Omega, R_G=100\Omega, ch_1:5V/div., ch_2:$
$20V/div.$)($R_G=600\Omega$)

照片 10.13 是 $R_G=200\Omega$ 时的开关波形。t_{dON}、t_f、t_r 及 t_{dOFF}
都大幅度变长。

从以上实验可知,功率 MOSFET 进行高速开关时,应尽量
用低电阻驱动。另外,t_{dOFF} 比 t_{dON} 的延迟与 R_G 有关,应降低驱
动电路 OFF 时的电阻。

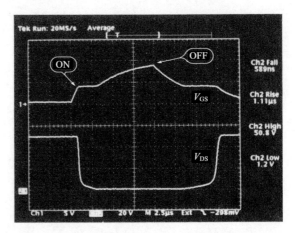

照片 **10.13** 由 2SK1522 组成的开关——栅极波形和输出电压波形

$(V_{DS}=50V, R_L=25\Omega, R_G=200\Omega, ch_1:5V/div., ch_2:$

$20V/div.)(R_G=600\Omega)$

92 开路集电极时的功率 MOSFET 的驱动

晶体管开路集电极组成的电路是最基本的开关电路。图 10.12 所示的 74 系列 TTL 的开路集电极上附加上拉电阻的电路,图 10.13 所示的晶体管 2SC2655 上,附加集电极负载电阻 R_C 进行驱动。

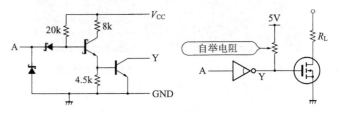

图 **10.12** 晶体管开路集电极——TTL 时

功率 MOS FET 的门闭合时,通过电阻 R_C 对输入电容 C_{iss} 充电,门打开时集电极-发射极间发生快速地放电。但此电路的缺点是 t_{dON} 依赖于电阻 R_C,高速化时需要 R_C 的值很低,所以驱动电路的电流也增大。

照片 10.14 是 $R_C=1k\Omega$ 时的开关波形。它产生了由 $R_C=1k\Omega$、$C_{iss}=8700pF$ 的时间常数所引起的延迟。一方面,由于 OFF 时晶体管的集电极电流高速放电,所以 t_{dOFF} 变短。

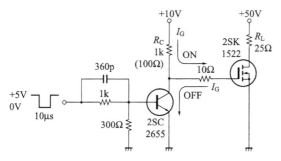

图 10.13 由开路集电极组成的功率 MOSFET 的驱动

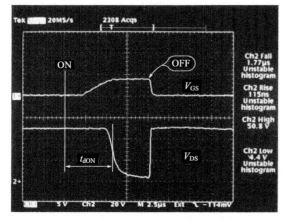

照片 10.14 由开路集电极组成的功率 MOSFET 的开关波形
（$R_C = 1\text{k}\Omega$，ch$_1$：5V/div.，ch$_2$：20V/div.）

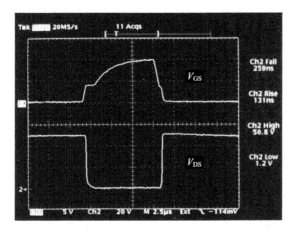

照片 10.15 由开路集电极组成的功率 MOSFET 的开关波形
（$R_C = 100\Omega$，ch$_1$：5V/div.，ch$_2$：20V/div.）

照片 10.15 表示 $R_C=100\Omega$ 时的开关波形。提到它的可用特性,是晶体管的集电极电流大($I_C=0.1A+I_G$)。

93 射极跟随器时的功率 MOSFET 的驱动

功率 MOSFET 的驱动当然也可使用射极跟随器。最近,制作了很多使用功率 MOSFET 的高速开关电源。观察开关电源用控制 IC 的数据表,就会发现作为功率 MOS 的常见驱动的设备。

代表性的开关电源用控制 IC TL494 等,如图 10.14 所示,驱动输出发射极接地,无论射极跟随器的哪种形式均可使用,将输出晶体管的集电极、发射极独立,管脚被分配排列。虽然一般情况下射极跟随器的使用较多,但以高速驱动为目的还需仔细考虑。

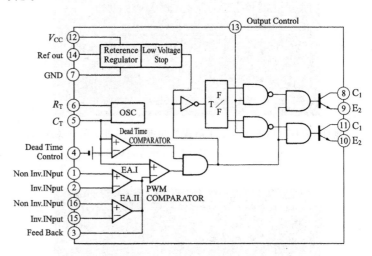

图 10.14 开关电源用 PWM 控制器一例

图 10.15 是用晶体管射极跟随器,驱动功率 MOSFET 门极的例子。从电路的动作上,门极闭合很快,但门极打开时由于发射极电阻 R_E 的放电,而变成了低速的动作。

照片 10.16 是 $R_E=1k\Omega$ 时的开关波形。由于关闭延迟很大(时间轴变更为 $10\mu s/\text{div.}$)达到 $30\mu s$,所以不能使用。

因此,尝试变更为 $R_E=100\Omega$,此时如照片 10.17 所示,只能缩短到约 $3\mu s$,还不能说 OK。导通很快,但关闭需要时间。

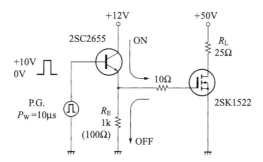

图 10.15　由射极跟随器组成的功率 MOSFET 驱动

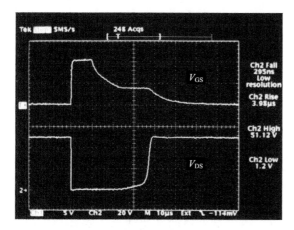

照片 10.16　由射极跟随器驱动组成的功率 MOSFET 的开关波形
（$R_E = 1\text{k}\Omega$, $\text{ch}_1 : 5\text{V/div.}$, $\text{ch}_2 : 20\text{V/div.}$）

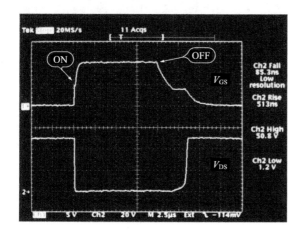

照片 10.17　由射极跟随器组成的功率 MOSFET 的开关波形
（$R_E = 100\Omega$, $\text{ch}_1 : 5\text{V/div.}$, $\text{ch}_2 : 20\text{V/div.}$）

94　由晶体管组成的功率 MOSFET 驱动的高速化

▶ 射极跟随器驱动电路的高速化

在前面的实验中,射极跟随器吸收电流的能力很差,所以在图 10.16 中,在射极跟随器的输出上附加 PNP 晶体管,使 OFF 时的放电高速化。

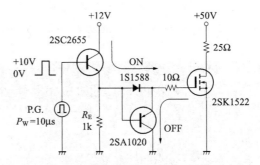

图 10.16　由射极跟随器组成的驱动高速化

ON 时通过二极管对门极输入电容进行高速充电,OFF 时从 PNP 晶体管的发射极向集电极引入电流。通过这样的电路构成,使 ON/OFF 时的驱动能力均能够强化。

照片 10.18 是此电路的开关波形。它是相当好的波形,和 $R_G = 0\Omega$ 时的脉冲发生器的输入波形(照片 10.11)几乎相同。

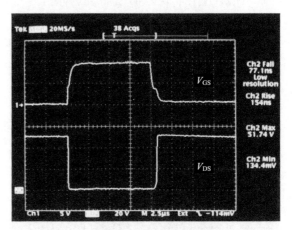

照片 10.18　高速化射极跟随器驱动的开关特性
(ch₁:5V/div.,ch₂:20V/div.)

▶ **开路集电极电路的高速化**

和图 10.16 的射极跟随器时相同,开路集电极输出电路也
能高速化。图 10.17 在集电极上附加上拉电阻 R_C,在 NPN 射
极跟随器电路 ON 时的开关特性也变得高速。

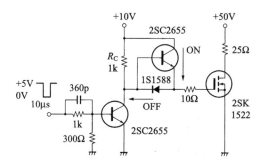

图 10.17 由开路集电极组成的驱动的高速化

照片 10.19 是此电路的开关特性。注意脉冲幅度变短,这
是由于发射极接地电路的开关特性,OFF 延迟大而引起的。

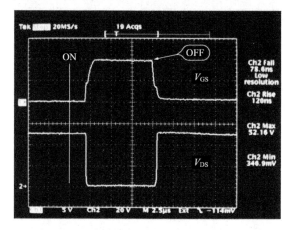

照片 10.19 高速化开路集电极驱动的开关特性
($\text{ch}_1 : 5\text{V/div.}$, $\text{ch}_2 : 20\text{V/div.}$)

▶ **适合高速驱动电路的推挽电路**

图 10.18 是使用 NPN/PNP 型晶体管的互补推挽电路,适
于驱动功率 MOSFET 的门极。此电路虽然具有门极电流的驱
动能力,但射极输出波形不能比输入信号快。

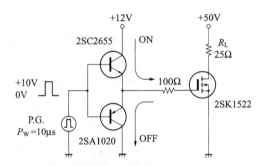

图 10.18 晶体管推挽驱动电路

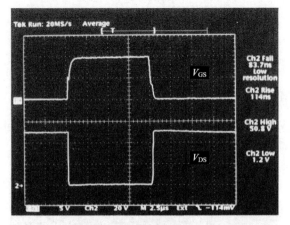

照片 10.20 晶体管推挽驱动的开关特性
（ch_1:5V/div. ,ch_2:20V/div. ）

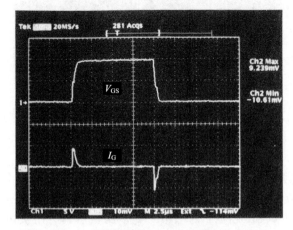

照片 10.21 晶体管推挽驱动时的栅极电流波形
（ch_1:5V/div. ,ch_2:0.5A/div. ）

照片 10.20 是此电路的开关波形。它表示出 t_f、t_r 都快,且响应极好。进一步观测门极电流,如照片 10.21 所示,流过 $\pm 0.5A_{PEAK}$ 的电流。此微分波形的面积与门极所消耗的功率成比例。

95　使用驱动功率 MOSFET 栅极的专用 IC

到目前为止的实验,如果只从响应特性上看,功率 MOS-FET 的驱动都落在了如何使用晶体管互补推挽电路上,这里也可使用盒式的电路 IC。

图 10.19 是功率 MOSFET 的门驱动用 IC 为 EL7212C(图 10.20)的例子。如果使用这样的 IC,则很容易实现高速开关。输出电路是 MOSFET 的推挽形式,可取出大的峰值输出电流。

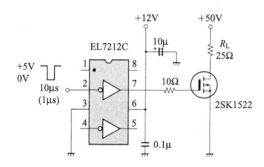

图 10.19　由专用 IC 组成的功率 MOSFET 驱动

●开关特性

C_L	t_f	t_f
500pF	7.5ns	10ns
1000pF	10ns	13ns

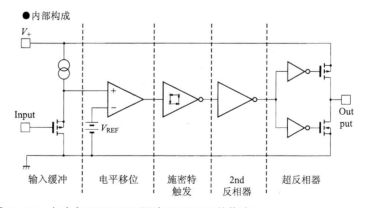

图 10.20　由功率 MOSFET 驱动 EL7212C 的构成

照片 10.22 是使用 EL7212C 的电路的开关波形。可以说其具有优越的特性，扩大到 250ns/div. 的图形如照片 10.23 所示。ch_1 是脉冲振荡器的输出波形，ch_2 是 2SK1522 的漏极波形。导通延迟时间极小，关闭延迟时间变为略小于 750ns。

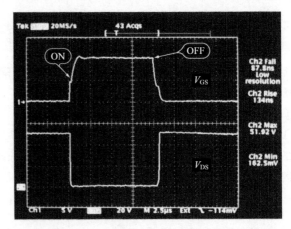

照片 10.22 使用 EL7212C 驱动电路的开关特性
（ch_1:5V/div.，ch_2:20V/div.）

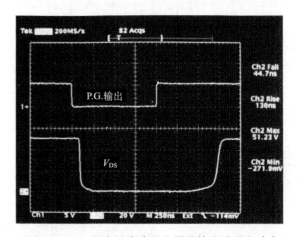

照片 10.23 实验用脉冲发生器的输出波形和功率 MOSFET 的漏极波形（ch_1:5V/div.，ch_2:20V/div.）

96 使用脉冲变压器的绝缘驱动电路

在如图 10.21 所示的功率 MOSFET 的半桥、全桥电路中，高压侧开关如何变化成为了一个要点。

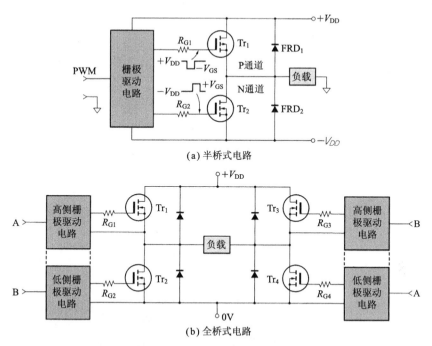

(a) 半桥式电路

(b) 全桥式电路

图 10.21 电功率 MOSFET 组成的输出电路的构成例子

一般的,要驱动高压侧的元件,必需门极-源极间绝缘。如果是低速开关,可用图 10.22 所示的由光耦合器构成的专用驱动 IC,高压侧的源极端子使高频电压重叠,噪声很弱。

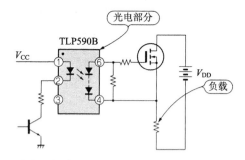

图 10.22 由光电耦合器组成的功率 MOSFET 的驱动电路举例

因此,现实中有很多使用脉冲变压器的绝缘方式,但要想使用脉冲变压器,电路上也要花点功夫。

图 10.23 是使用脉冲变压器的绝缘驱动电路的例子。这里的脉冲变压器是手工制作的,由于使用变压器的关系,不能进行

直流传送,但适用于高速开关用途。

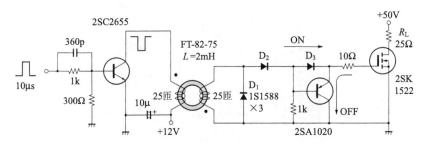

图 10.23　使用脉动变压器的绝缘驱动电路

　　原理上,ON 时的电流从脉冲变压器供给,功率 MOSFET 的开关特性被变压器的特性左右;OFF 时将 PNP 晶体管自身门极上的充电电荷进行放电。

　　照片 10.24 是此电路的开关波形。到门极导通(约 4V)时能够高速充电,关闭延迟也很小。

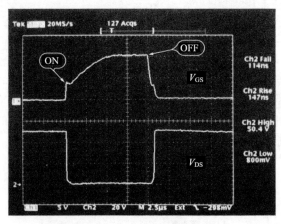

照片 10.24　绝缘驱动电路的开关特性

(ch$_1$:5V/div. ,ch$_2$:20V/div.)

第 11 章
实践经验

本章可脱离本书而独立存在,列举了一些模拟电路技术者应该掌握的项目。通过本章,读者会深切感受到电阻、电容的分类使用的重要性。

97　抑制电源接通时的冲击电流的限制电阻

使用 50/60Hz 的工频用电源变压器的串联调节器,没有什么问题,但直接整流、平滑目前主流的开关调节器、AC 线路的交流控制器,经常存在的问题是 AC 线路电源 ON 时会流过冲击电流。AC 线路上流过的冲击电流远远超过预想的峰值电流,使电源开关的触点烧损、熔化而被破坏。

图 11.1 是直接整流 AC 线路(100V)的电压,经平滑电容的输出后,得到直流 140V 的电路,电源开关 ON 时的时间各种各样。如果原本的工频信号是正弦波,则当工频频率在 sin90° 及 sin270°时,全波整流电路上流过最大的冲击电流。如果电源开关使用固态位置继电器(SSR),SSR 则因采用过零开关方式而不会流过这么大的冲击电流。

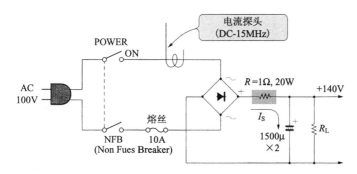

图 11.1　电源电路中的冲击电流限制电阻

当在平滑电容上加上 140V 的峰值电压时,流过的最初电流的大小是多少呢? 如果是理想电容,则应流过无限大的电流。实际上由于 AC 线路的电阻、配线电阻、整流二极管等的动作电阻,电流会被限制,尽管这样,仍流过相当大的电流。

为研究流过多少电流,观测图 11.1 所示的实验电路的 R 为 0Ω 时的数据如照片 11.1。开关接通的时间 sin270° 时达到约 188A$_{\text{PEAK}}$,小型开关会被烧损。

只在开关接通后的最初的半波内流过大电流,随着平滑电容的充电,其电流减小。

从照片 11.1 的波形上看,由于 +140V 充电,流过 188A$_{\text{PEAK}}$ 的冲击电流,所以计算此时的电路的等价电阻约为 0.74Ω。因此,如果插入 $R=1\Omega$,则应下降到 $I_{\text{PK}}=140\text{V}/1.74\Omega=80\text{A}_{\text{PEAK}}$。

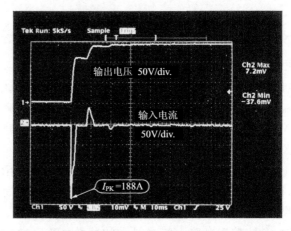

照片 11.1 电流限制电阻 $R=0\Omega$ 时的平滑输出电压和冲击电流

照片 11.2 是追加 $R=1\Omega$,同样的用 sin270° 开关接通时的波形。峰值电流减小到 88A。

因此,如果加大冲击电流的限制电阻值,I_{PK} 也减小,所以很容易想到应该尽量加大此限制电阻值。但由于通常流过 AC 电流会产生很大功率损耗($P=I^2 R$),所以此限制电阻值也不能太大。

尝试用 $R=5\Omega$ 测定冲击电流,则 I_{PK} 减少到 24A($I_{\text{PK}}=140\text{V}/5.74\Omega=24.4\text{A}$),对平滑电容充电需要 100ms 以上的时间。

为减小冲击电流,无论如何加大电阻值,如图 11.2 所示,电源接通时具有数 100ms 的延迟,如果继电器中电阻 R 短路,则可忽略通常时所消耗的功率。

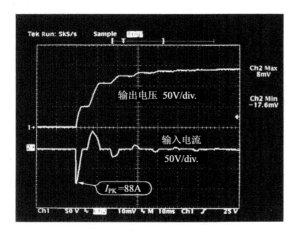

照片 11.2 电流限制电阻 $R=1\Omega$ 时的平滑输出电压和冲击电流

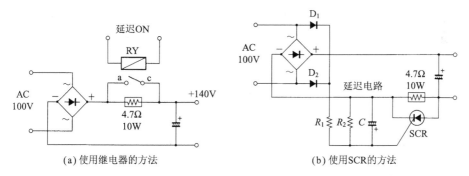

(a) 使用继电器的方法　　　　　　(b) 使用SCR的方法

图 11.2 用于抑制冲击电流的功夫

　　作为处理 AC 线路的冲击电流的元件，也有使用被称为功率热敏电阻的，但仅在热敏电阻处于室温状态时有效。频繁ON/OFF 电源开关时，定常的热敏电阻会变热，成为低电阻，对冲击电流的抑制效果变小。

98　高频信号传送时的终端电阻的效果

　　有高频电路经验的人都知道阻抗匹配的重要性。在数字电路中时钟、信号的数据传送速度快时，更需注意配线、电缆上的阻抗匹配。

　　高频电路、图像电路一般都用同轴电缆进行信号的传送，使用特性阻抗为 $Z_0=50\Omega$、75Ω 的同轴电缆。

　　同轴电缆的特性阻抗 Z_0，由电缆的内部导体和外部屏蔽内

径 D 及绝缘体的导电率 ε_r 决定:

$$Z_0 = \frac{138}{\sqrt{\varepsilon_r}} \lg \frac{D}{d} (\Omega)$$

另外,处理分布常数电路时,用相当于单位长的电感 L 和静电容量 C 的比率也能计算,如忽略损耗电阻,则

$$Z_0 = \sqrt{\frac{L}{C}} (\Omega)$$

图 11.3 是用于测定同轴电缆 RG58A/U、长度 5m 的输入阻抗 Z_{IN} 时的电路构成。这里研究随着终端电阻 R_T 的值,传送线路的阻抗如何变化。

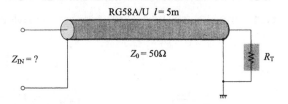

图 11.3　同轴传送线路的终端电阻

只有当同轴电缆的特性阻抗 Z_0 和终端阻抗 R_T 的值相等时,即 $Z_{IN} = Z_0 = R_T$ 称为阻抗匹配。

$Z_0 \neq R_T$ 时随着频率 f, Z_{IN} 变化。作为一个极端的例子,当 $R_T = 0$、$R_T = \infty$ 时可理解其性质(阻抗以 $\lambda/4$ 为周期起伏波动)。

照片 11.3 是 $R_T = 50\Omega$(稍微波动的曲线)、75Ω、25Ω 时的输入阻抗特性。当 $Z_0 \neq R_T$ 时由于随着频率,特性阻抗会变化,

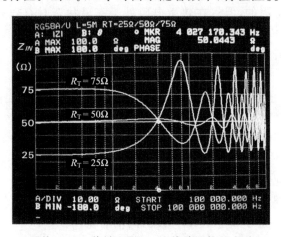

照片 11.3　终端电阻 R_T 和线路阻抗的变动

所以传送的电缆的频率特性上产生弯曲。

99　降低并联共振电路 Q 的 Q 减振电阻的效果

高频电路中电感 L 和电容 C 构成的并联共振电路也称为调谐电路,现今也作为无源滤波器使用。

调谐电路的 Q(性能指数、共振电路的特性)越大越好,但有时存在调谐指数 Q 过大使通频带幅度变窄,达不到目的的情况。此时,以降低并联共振电路的 Q 值为目的,插入电阻 R_Q,则此电阻称为 Q 减振电阻。

图 11.4 是将恒电流源的 Q 减振电阻、R_Q 并联连接在共振电路上。为了观察此电路的电阻 R_Q 的插入效果测定的端子间的阻抗如照片 11.4。

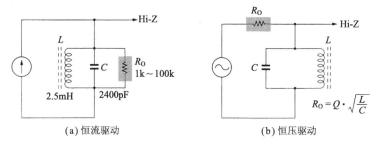

(a) 恒流驱动　　　　　　　　　(b) 恒压驱动

图 11.4　并联共振电路上的 Q 衰减电阻

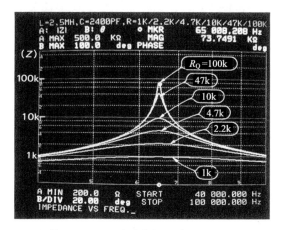

照片 11.4　LC 并联共振电路的阻抗特性

($f_R = 65\text{kHz}, R_Q = 1\text{k} \sim 100\text{k}\Omega$)

$L=2.5\mathrm{mH}$、$C=2400\mathrm{pF}$ 的共振频率 f_R 为：

$$f_R=\frac{1}{2\pi\sqrt{LC}}\approx65(\mathrm{kHz})$$

由 L 和 C 的比率决定的阻抗为

$$Z=\sqrt{\frac{L}{C}}=1(\mathrm{k\Omega})$$

$R_Q=1\ \mathrm{k\Omega}$ 时的 Q 为 1。

使 R_Q 从 $1\ \mathrm{k\Omega}$ 到 $100\ \mathrm{k\Omega}$ 阶梯性变换时，共振特性变得很尖锐。当 Q 值是比较小的值时，必要时可从 Q 值通过 $R_Q\approx Q\cdot Z$ 计算出 R_Q。

以减小 Q 为目的，观察调谐电路的相位特性。照片 11.5 表示了 $R_Q=1\mathrm{k\Omega}\sim100\mathrm{k\Omega}$ 变化时的相位移动。Q 较大时，即使很小的频率变化也会产生很大的相位偏移，如此时进行信号传送则会出现问题。

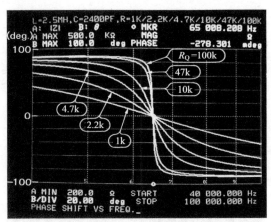

照片 **11.5** *LC* 并联共振电路的相位特性
($f_R=65\mathrm{kHz},R_Q=1\mathrm{k}\sim100\mathrm{k\Omega}$)

图 11.4(b)是用 OP 放大器等的低输出阻抗电路驱动共振电路的例子。和共振电路串联插入 R_Q 的点不同，但等价电路处理相同，这里省略其说明。

100 不消耗功率的电抗衰减器

提起衰减器，自然会联想到电阻衰减器（第 2 章介绍的），由于电感 L 和电容 C 等的电抗元件可能产生电压的衰减。图 11.5 表示和阻抗分压电路相同的，使用 2 个电抗元件（这里使

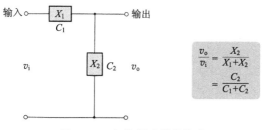

$$\frac{v_o}{v_i} = \frac{X_2}{X_1 + X_2}$$
$$= \frac{C_2}{C_1 + C_2}$$

图 11.5 电抗衰减器的构成

用电容)进行分压的例子。

此电路的分压式和电阻时的相反,由 $C_1/(C_1+C_2)$ 的分子 C_1 决定。因此要得到 10：1 的分压比,则 $C_2=9C_1$。

C_1 和 C_2 的合成电容以不给电路带来影响为佳,在电路内 使用电容时,C_1、C_2 作为一部分电容并联连接较好。

电抗衰减器当然不能使用直流,只能在交流电路中使用。 那么,实际的 C_1、C_2 如何确定好呢?

分压电路中比率固然重要,但也要注意随着电容容量的变 化,高频特性也会变化。照片 11.6 是 11：1 的分压电路的频率 特性(电容情况下,$C_2=10C_1$)。当 $C_1=0.01\mu F$ 时,只能得到达 到数百 kHz 的平坦性。

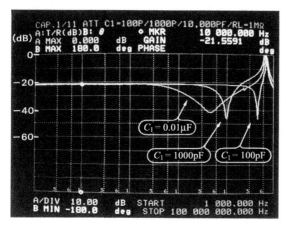

照片 11.6 电抗衰减器的频率特性 $\begin{pmatrix} 100pF:1000pF \\ 1000pF:0.01\mu F \\ 0.01\mu F:0.1\mu F \end{pmatrix}$ 的比较

($f=1k\sim100MHz$,10dB/div.)

当 $C_1=1000pF$ 时,得到约 3MHz;$C_1=100pF$ 时,得到 10MHz 左右的平坦的衰减量。

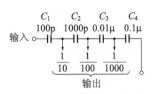

图 11.6　20,40,60dB 衰减的
电抗衰减器

图 11.6 是使用了 4 个 10 倍单位的电容,得到 1/10、1/100、1/1000 的分压比的例子。

照片 11.7 是在实际的例子中,得到 20dB、40dB、60dB 的正确的衰减量时的情况,因负载为 1MΩ,30pF(测定器的输入端子),故高频处的特性变坏。

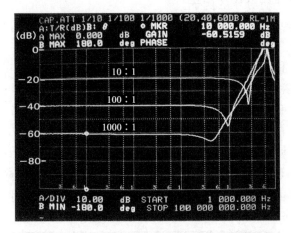

照片 11.7　20,40,60dB 的电抗衰减器的频率特性
(f=1k~100MHz,10dB/div.)

和电阻器方式相比,电抗衰减器的特征是不消耗功率。

101　实测市场上出售的信号发生器的噪声频谱

最后,用频谱分析器(TR4171)介绍本书中的各种信号用于测定、实验用的信号发生器的输出波形(f=10MHz)的例子。知道实验中信号发生方式不同而引起的噪声频率的差异是很重要的。

▶ 最纯的信号是频率标准用水晶振荡器

照片 11.8 是内藏频谱分析器的校正用 10MHz 振荡器的噪声频谱。分析频带幅度 RBW=10Hz,量程 1kHz。不能混入电源交流、时钟噪声等,是纯度极高的波形。

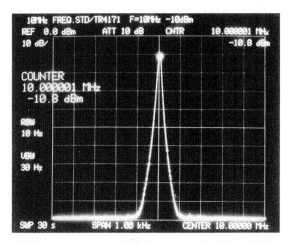

照片 11.8　TR4171 内藏的 10MHz 标准输出噪声
($f_c=10\mathrm{MHz},1\mathrm{kHz/div.},RBW=10\mathrm{Hz}$)

▶ AM/FM 用标准信号发生器(SSG)

无线通信设备、特别是用于接收机的 SSG,要求低噪声特性。照片 11.9 是 SSG3220 的噪声频谱。振荡频率范围是以 10Hz 为尺度设定的 100k~1.3GHz。

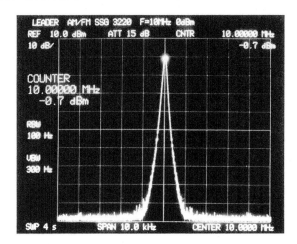

照片 11.9　AM/FM SSG3220 的噪声@$f=10\mathrm{MHz}$($f_c=10\mathrm{MHz}$,
$10\mathrm{kHz/div.},RBW=100\mathrm{Hz}$)

▶ 10Hz~31.999999MHz 频率合成器

在用于低频及传送通信用途的信号发生器上,也有必要进行抑制高频失真的设计。照片 11.10 是频率合成器 MG443B 的噪声频谱。

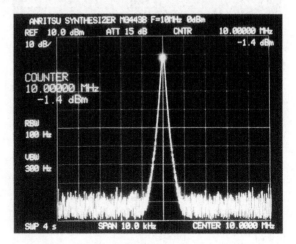

照片 11.10 频率合成器 MG443B 的噪声
($f_c=10\mathrm{MHz}, 10\mathrm{kHz/div.}, RBW=100\mathrm{Hz}$)

注意管面下方的随机噪声的分贝很大,电平小时不会出现问题。

▶ DDS 方式的任意波形发生器

要产生实验、研究用途所需的任意波形时,一般使用直接数字合成器(称 DDS)的方式。由相位累加的位数和内部信号频率决定振荡频率的范围。DDS 的主要用途是低频～超低频的信号发生,HP 公司的 33120A 的正弦波可在 15MHz 处振荡。

和目前为止的测定的信号发生器相比较,测定 $f=10\mathrm{MHz}$ 的噪声频谱如照片 11.11 所示。500Hz 的噪声(设定的频率不同)是 DDS 方式所特有的,用它可抑制在相当低的电平下。

▶ 频谱分析器用的跟踪发生器(TG)

含有 TG 的频谱分析器对直视放大器、滤波器的频率特性非常方便。扫描微波带的 VCO,用外差方式会产生宽范围的正弦波。R3361A 可扫描 9k～2.6GHz,在频率特性的测定上可达到 1GHz 的记录扫描。

照片 11.12 是中心频率 $f_c=10\mathrm{MHz}$ 时,量程设定为 0Hz 的噪声频谱。虽然不是很好,但目的在于振幅特性的测定上是

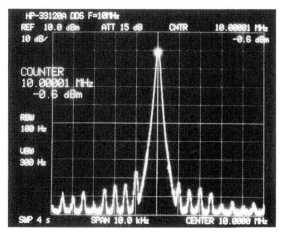

照片 11.11 波形发生器 33120A 的噪声
($f_C=10\mathrm{MHz},10\mathrm{kHz/div.},RBW=100\mathrm{Hz}$)

不存在问题的。

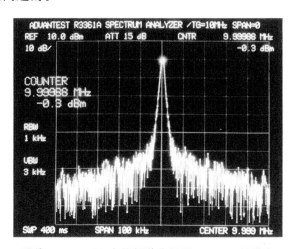

照片 11.12 TG 中的频谱分析器 R3361A 的噪声
($f_C=10\mathrm{MHz},100\mathrm{kHz/div.},RBW=1\mathrm{kHz}$)

▶ HP 公司的增益、相位分析器 4194A

4194A 是可测定 10Hz～100MHz 的增益、相位特性的分析器。频率量程为 0 时,得到固定频率的正弦波。

照片 11.13 是 $f_C=10\mathrm{MHz}$ 的噪声频谱。和前面的 R3361A 相比,有若干良好的特性。

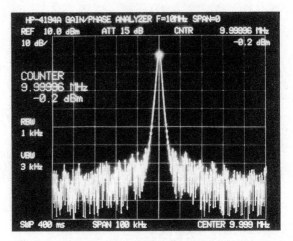

照片 11.13 增益、相位、分析器 4194A 的振荡部的噪声

$(f_c = 10\mathrm{MHz}, 100\mathrm{kHz/div.}, RBW = 1\mathrm{kHz})$